Knautschke, Knut & Co.

Bernhard Blaszkiewitz

Knautschke, Knut & Co.

Die Lieblingstiere der Berliner aus Tierpark und Zoo

lehmanns media

Bibliografische Information der Deutschen Nationalbibliothek
Die Deutsche Nationalbibliothek verzeichnet diese Publikation in der Deutschen Nationalbibliografie; detaillierte bibliografische Angaben sind im Internet unter http://dnb.ddb.de abrufbar

Hardenbergstraße 5, 10623 Berlin
Gesamtgestaltung: Friedrich, Berlin
Druck und Bindung: Offsetdruck Holga Wende, Berlin

ISBN 978-3-86541-264-5

www.lehmanns.de

Inhalt

Ein Wort zuvor: Erinnerungen an »Knautschke«

Seit Beginn der modernen Zoologischen Gärten, also seit der Entstehung der Wiener Menagerie Schönbrunn 1752, wird um das Aufgabenspektrum unserer Tiergärten nachgedacht und diskutiert. Auch wenn es heute unstrittig ist, dass Erholung, Belehrung, Forschung und Naturschutz gleichermaßen Anliegen der Zoologischen Gärten sind, so kann doch jeder die eine oder andere persönliche Facette hinzufügen. Dem einen ist an der Gestaltung von Gehegen und Tierbauten gelegen, der andere interessiert sich für die Historie unserer Tiergärten, wieder ein anderer sammelt mit Akribie die gehaltenen Tierarten und listet sie auf. Fotografen und Maler haben oft in unseren Zoologischen Gärten gewirkt, nicht zuletzt in den beiden Berliner Gärten, im 1844 eröffneten Zoo und im 111 Jahre später entstandenen Tierpark.

Oft wird gefragt, für wen ist der Zoo denn da? Für den Menschen oder für die Tiere? Ohne Frage ist es ein Platz für Menschen und Tiere. Der Mensch hat die Zoologischen Gärten geschaffen, um in seiner urbanen Umwelt Tiere in greifbarer Nähe zu haben. Nicht jeder kann zu beliebiger Zeit nach Afrika, Asien, Australien oder Südamerika reisen, um sich fremde Länder und ihre Tier- und Naturwelt anzuschauen. Auch wenn dies in den Jahren nach dem Zweiten Weltkrieg immer leichter und für viele Menschen auch erschwinglich wurde, so bleiben Zoologische Gärten nach wie vor die Orte, an denen die Begegnung mit der Natur für alle am einfachsten möglich ist. Neben den vielen seltenen und zum Teil auch bedrohten Tierarten, die es im Zoo Berlin und im Tierpark Berlin in all den Jahrzehnten zu sehen und bestaunen gab, waren es nicht nur die Arten an sich, sondern spezielle Tierindividuen, die den Menschen faszinierten. Dabei handelte es sich natürlich oft um Tiere, die ein langes Leben erreichten und somit nicht nur von einer Generation von Zoobesuchern betrachtet wurden.

Und so möchte sich dieses Buch mit solchen Tierpersönlichkeiten beschäftigen, die im Bewusstsein der Zoobesucher unvergesslich geblieben und so etwas wie »Lieblingstiere« geworden sind, etwa dem Gorilla »Bobby«, der von 1928 bis 1935 im Zoo Berlin lebte und der erste Gorilla war, der zu einem großen, geschlechtsreifen Männchen in Menschenhand heranwuchs. Oder mit der Elefantin »Shanti«, die als Geschenk von Pandit Nehru an die Berliner Kinder nach dem Zweiten Weltkrieg als erster Elefant wieder von Frau Dr. Katharina Heinroth in den Zoo geholt wurde. Die Großen Pandas in Berlin, »Happy«, »Bao Bao«, »Chi Chi«, die Malayenbärin »Evi« im Tierpark, der Schimpanse »Jonny«, der 45 Jahre lebte, oder auch die Giraffe »Rike«, das einzige von den im Krieg evakuierten Großtieren, das nach Berlin zurückkehrte. Über all diese soll das Buch berichten – in Wort und Bild, und natürlich fehlt auch »Knut« nicht, der Eisbär, der im Dezember 2006 geboren und am 23. März 2007 dem Publikum vorgestellt wurde, und der seitdem eine Popularität ohnegleichen erreicht hat.

Mein persönlicher Favorit unter den Berliner »Lieblingstieren« ist und bleibt jedoch der Flusspferdbulle »Knautschke«. Er wurde 1943 in Berlin geboren und überlebte als eines von 91 Zootieren den Zweiten Weltkrieg. 1988 musste er 45-jährig, nachdem er einen körperlichen Zusammenbruch erlitten hatte, eingeschläfert werden. Seine Frau »Boulette« übertraf ihn sogar noch, sie wurde 53 Jahre alt. »Knautschke« hat mich ein großes Stück meines eigenen Lebens begleitet. Und so ist auch meine früheste Lebenserinnerung, die ich überhaupt habe, auf 1956 zurückzuführen. Damals war ich gerade 2 Jahre alt und besuchte mit Mutter und Großmutter den Zoologischen Garten. »Knautschkes« weit geöffnetes Maul im Becken des alten, halb zerstörten Flusspferdhauses ist für mich als Momentaufnahme bis heute so deutlich präsent, als hätte ich ein Foto davon. »Knautschke«, seine Frau »Boulette«, ihre gemeinsamen Kinder »Jette«, »Klops« und »Jule« sowie viele andere Nachkommen waren immer meine besonderen Lieblinge. Es war faszinierend, beim abendlichen Einsperren im neuen Flusspferdhaus, das Frau Heinroth errichten ließ, zuzuschauen, wenn »Knautschke« und seine Familie über die breiten Stufen des Wasserbeckens zu ihren Ställen emporstiegen, um dort die großen Haufen an Gras, Obst, Brot und Heu zu vertilgen. Immer wenn ein kleines Flusspferd geboren war, warteten wir schon als Kinder aufgeregt, bis das Flusspferdhaus wieder geöffnet wurde und wir Mutter und Jungtier im Geburtsbecken anschauen konnten.

Als ich 1974 dann als Tierpflegervolontär im Zoo Berlin anfing, war ich oft auch im Robbenrevier eingesetzt, zu dem das Flusspferdhaus gehörte, und dann konnte ich »Knautschke« und seine Familie hautnah erleben. Später, als ich 1984 nach einigen Jahren im Zoo Frankfurt und im Ruhr-Zoo Gelsenkirchen als wissenschaftlicher Mitarbeiter in den Zoo Berlin zurückkehrte, gehörte das Robbenrevier mit seinem Flusspferdhaus zu meinem Verantwortungsbereich. Wie gesagt, »Knautschke« hat ein großes Stück meines Lebens begleitet, er war und bleibt für mich die Berliner Zootierpersönlichkeit!

Bernhard Blaszkiewitz
September 2008

1 | *»Knautschke« 1953 im Außenbecken des Flusspferdhauses. Während die Freianlage weitgehend unbeschädigt blieb, ist das alte Flusspferdhaus im Krieg stark zerstört worden.*

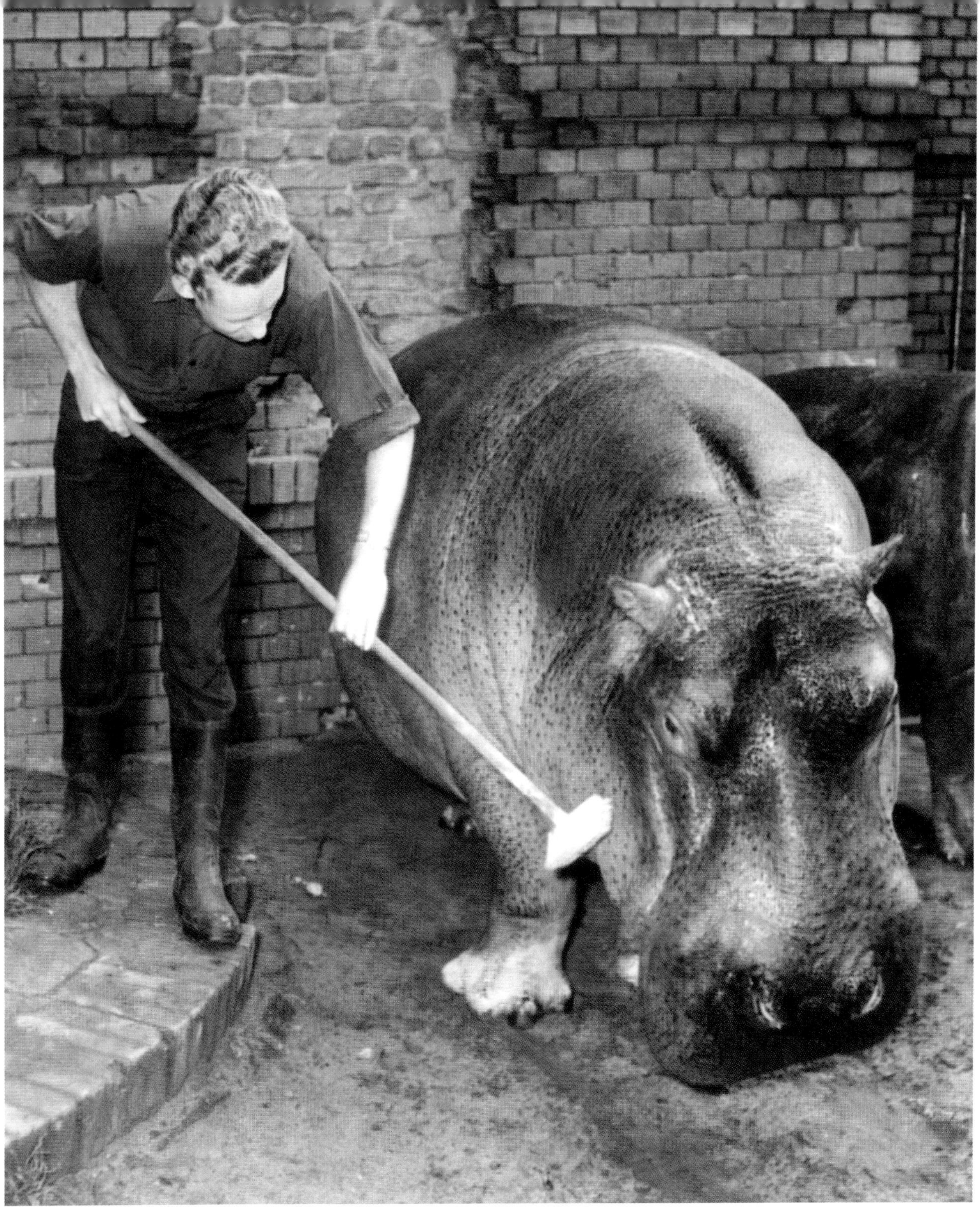

2| »Knautschke« bei der Körperpflege durch seinen Tierpfleger auf der Außenanlage des Flusspferdhauses im August 1955.

»Knautschke« – ein Flusspferdleben

Flusspferde (Hippopotamus amphibius) sind große Paarhufer, deren nächste Verwandte die Schweine sind. Schon im Altertum gehörten Nilpferde, wie sie auch genannt werden, zu den Schautieren in römischen Zirkusarenen und Kaisermenagerien. Im 19. Jahrhundert gelangten die ersten neuzeitlichen Exemplare in die aufstrebenden Zoologischen Gärten. Sie fanden große Beachtung, ähnlich wie die ersten Elefanten, Nashörner und Giraffen. Der ehemalige Wiener Zoodirektor Hofrat Walter Fiedler vermerkte in einem Aufsatz, dass ein 1850 nach England gelangtes Nilpferd so viel Interesse verursachte, dass ihm zu Ehren eine Hippopotamus-Polka komponiert wurde.

Der Afrikareisende Lorenzo Casanova, der unter anderem für Hagenbeck als Tierfänger tätig war, stellte 1859 ein Flusspferdpaar in Europa zur Schau, das auch im Berliner Zoo zu sehen war. Gern hätte der Zoo die beiden Tiere erworben, der Ankauf scheiterte jedoch an den entsprechenden Geldmitteln. Und so gelangten die beiden Flusspferde in die Amsterdamer Artis, wo sie regelmäßig züchteten, allerdings wurden nur zwei Jungtiere aufgezogen, wie Max Hilzheimer in der 4. Auflage von Brehms Tierleben berichtet hat.

1874 konnte Zoodirektor Dr. Heinrich Bodinus das erste Flusspferd für den Berliner Zoo kaufen, es war das acht Monate alte Flusspferdkalb »Tomondo«, das jedoch schon vier Wochen später einer Leberkrankheit erlag, die es wohl aus dem Heimatland mitgebracht hatte. 1875 und 1879 trafen dann die Flusspferde »Nina« und »Jonas« in Berlin ein. »Jonas« litt an einem Bruch (man fertigte sogar ein eigenes Bruchband für ihn an), hatte Deckschwierigkeiten und züchtete niemals. Beide Flusspferde waren in der 1873 erbauten Elefantenpagode untergebracht. 1886 kam es hier zu einem Unfall, bei dem »Jonas«, wohl bedingt durch die Enge, einen Tierpfleger zerquetschte. Der damalige Zoodirektor Dr. Maximilian Schmidt ließ daraufhin das erste eigene Flusspferdhaus für den Berliner Zoo errichten, das 1888 kurz nach Schmidts Tod eröffnet werden konnte. Den Umzug der Flusspferde organisierte übrigens Carl Hagenbeck, damals schon ein berühmter Tierhändler, der beste Beziehungen zu den Zoologischen Gärten unterhielt.

Geheimrat Ludwig Heck hat das neue Flusspferdhaus in seinen Lebenserinnerungen »Heiter-ernste Lebensbeichte« recht negativ beurteilt, wohl weil ihm der schlichte Klinkerbau gegen die prächtigen Stilbauten wie Elefantenpagode und Antilopenhaus nicht großartig genug wirkte. Das Haus umfasste drei Innenstallungen mit Badebecken sowie eine Außenanlage mit Landteil und Badebecken.

Um die Wende zum 20. Jahrhundert lebte der Nilpferdbulle »Murzuk« in Berlin, den Ludwig Heck in seinen »Lebenden Bildern aus dem Reich der Tiere« abbildete. Lutz Heck, der Sohn des Geheimrats und seit 1931 Nachfolger seines Vaters, unternahm ab 1925 verschiedene Tierfangreisen für den Zoo. Von seiner großen Ostafrikafahrt 1928 brachte er unter anderem drei männliche Flusspferde mit, von denen einer Stammvater einer blühenden Nilpferdzucht in den dreißiger und vierziger Jahren wurde. 1943, mitten im Bombenhagel des Zweiten Weltkrieges, erblickte der Flusspferdjunge »Knautschke« das Licht der Welt. In den letzten Kriegstagen kam seine Mutter ums Leben. Das Flusspferdhaus konnte nach einigen Reparaturarbeiten wieder benutzt werden, so dass »Knautschke« eine der ersten großen Publikumsattraktionen nach der Wiedereröffnung 1945 war.

Doch »Knautschke« war allein. Gleiches passierte dem anderen Geschlecht im Zoo Leipzig. Die dortige einst blühende Flusspferdzucht war ihres Zuchtbullen »Yumbo« beraubt, der 1948 verendete. Sein Weibchen »Grete« und ihre junge Tochter »Olga« warteten auf einen Hochzeiter. Über alle Zonengrenzen hinweg hatten sich die Zoodirektoren von Berlin und Leipzig, Frau Dr. Katharina Heinroth und Prof. Dr. Karl-Max Schneider, geeinigt, eine Zuchtgemeinschaft zu bilden. »Grete« und auch ihre Tochter »Olga« reisten nach Berlin zu »Knautschke«. Während es mit »Olga« keinen Nachwuchs gab, hat »Grete« zweimal erfolgreich mit »Knautschke« Hochzeit gefeiert. Das Ergebnis war 1951 die Geburt des Flusspferdbullen »Schwabbel«, der in Leipzig verblieb und letztlich die verwaiste Stelle des Zuchtbullen einnahm. 1952 brachte »Grete« nach ihrem zweiten Berlinbesuch ein weibliches Jungtier zur Welt, das 1953 nach Berlin zu »Knautschke« kam. Die Berliner fanden schon bald einen entsprechenden Namen, sie nannten das Weibchen »Boulette«. Die so genannte Interzonenhochzeit der beiden Flusspferde hatte damals für viel Furore gesorgt. In einer Oktoberfest-Broschüre, die der Zoologische Garten Berlin im September/Oktober 1953 herausbrachte, dichtete ein Zoo-Poet unter dem Titel »Knautschkes neueste Nachrichten«:

Es schenkte mir ein Leipziger Weib
ein Töchterlein zum Zeitvertreib.
Zum ersten Male stell ich fest,
Zusammenarbeit Ost und West,
bei der was rauskam von Gewicht,
was Kopf und Fuß hat – oder nicht?

Wie Katharina Heinroth in ihrem Buch »Puma Tobias und andere Zootiere« 1957 beschrieben hat, behandelte Vater »Knautschke« seine Tochter »Boulette« äußerst liebevoll und wurde, so Frau Heinroth, »wieder jung«. »Schwabbel« in Leipzig zeugte übrigens bis zu seinem Tod 1969 18 Jungtiere.

Ein Wiederaufbau des Flusspferdhauses von 1888 war nicht möglich, da es auf einem Gelände lag, das 1956 in einem Auseinandersetzungsvertrag im Gebietstausch an das Land Berlin abgetreten wurde. 1955/56 ließ Frau Heinroth zwischen Robbenfelsen und altem Tierkrankenhaus ein neues Flusspferdhaus errichten, in das »Knautschke« und seine Partnerin »Boulette« im Herbst 1956 einziehen konnten. Das Haus gliederte sich in zwei Schauabteilungen für Flusspferde und Zwergflusspferde mit den dazugehörigen Ställen und Badebecken. Neben dem großen Flusspferdbecken, auf einer Grundfläche von 123 m^2 errichtet, gab es ein knapp 20 m^2 großes Extrabecken, das so genannte Geburtsbecken. Dort wurden die Flusspferdmütter abgesondert und verbrachten die ersten Wochen nach der Geburt mit ihrem Kalb. Dies entspricht einem Verhalten in freier Wildbahn. Vor der Geburt verlassen die Nilpferdmütter die Herde und bringen ihre Kälber im seichten Wasser zur Welt. Besonders schön an dem neuen Haus war, dass die Flusspferdställe nur mit leichten und weit voneinander abstehenden Gittern abgegrenzt waren, so dass es zu den eindrucksvollen Erlebnissen gehörte, wenn die Flusspferde abends dem Becken entstiegen und in ihre Ställe zur Abendmahlzeit heraufkamen. Auch die Außenanlage hatte ein großes Badebecken von 230 m^2 Grundfläche.

»Knautschke« und »Boulette« harmonierten gut miteinander, und 1957, als »Boulette« fünf Jahre alt war, kam es zu ihrer ersten Geburt. Allerdings wurde das Flusspferdkalb tot geboren. Doch im April 1958 brachte »Bou-

3| *»Knautschke« (re.) im Kampfspiel mit »Boulette« 1955.*

4| *»Knautschke« und »Boulette« im Stall des neuen Flusspferdhauses. Die abendliche Fütterung ist eine Attraktion für das Publikum.*

5| »Knautschke« und »Boulette« präsentieren sich auf dem Landteil der Außenanlage des neuen 1956 eröffneten Flusspferdhauses im Mai 1957.

6| »Knautschke« 1957 beim Drohimponieren vor seinen Tierpflegern Heinz Zufall (li.) und Ralf Wielandt.

7| »Boulette« mit ihrem Jungtier »Klops« im August 1959.

lette« das erste lebende Kalb zur Welt, es war ein Kuhkalb und erhielt den Namen »Jette«. Gut ein Jahr darauf wurde ein Bullkalb namens »Klops« geboren, und im November 1960 die kleine »Jule«. Trotz der großzügigen Ausmaße des Flusspferdhauses wurde es für die kleine Nilpferdfamilie bald zu eng. Zudem kam es zu Auseinandersetzungen zwischen Vater und Sohn, und so vermittelte die Tierhandelsfirma Julius Mohr »Klops« 1961 an den Zoo Moskau. »Jule« ging 1964 an den Zirkus Althoff, während »Jette« als zweites Weibchen in Berlin blieb. »Jette« züchtete seit 1963, und bis zu ihrem Tod 1976 hatte sie neun Kälber. »Boulette« war ausgesprochen fruchtbar und hatte in all den Jahren Nachwuchs von »Knautschke«. Für 21 Kälber muss »Knautschke« bis dahin als Vaterschaft eingetragen werden. Trotz seines fortschreitenden Alters zeigte »Knautschke« keine auffälligen Alterserscheinungen. 1980 bekam »Boulette« von »Knautschke« das Bullkalb »Nante«; 1,1 weitere Kälber aus der Verpaarung »Knautschke« und »Boulette« wurden 1982 und 1984 geboren. »Nante« verblieb in Berlin, da er als potenzieller Nachfolger von »Knautschke« bestimmt war. Beide Flusspferdbullen lebten mehr oder weniger friedlich nebeneinander und deckten auch nacheinander die Flusspferdkühe. Die erstaunliche Duldsamkeit von »Knautschke« war sicher durch sein Alter bedingt.

Ungefähr 1985 veränderte sich die Ranglage, da »Nante« körperlich erstarkte und »Knautschke« altersgemäße Erscheinungen zeigte. Zwar drangsalierte »Nante« seinen Vater nicht, nahm aber erkennbar die Alpha-Stellung ein und war nun der bevorzugte Deckpartner für Mutter und Schwester. Da die Aufstallung der Flusspferde nachts einzeln erfolgte, waren auch Rangeleien am Futter- und Schlafplatz ausgeschlossen. Dies muss als weiterer Grund für die lang anhaltende Ruhe zwischen »Knautschke« und »Nante« angesehen werden. Neben den 30 in Berlin von »Knautschke« gezeugten Flusspferden kommen noch »Schwabbel« und »Boulette« hinzu, so dass »Knautschkes« Vaterschaft auf 32 Nachkommen beziffert werden muss. Am 29. Mai 1988 konnte er sein 45. Lebensjahr vollenden, was mit einem gebührenden Presseaufkommen verbunden war.

Zu dem Zeitpunkt ahnten wir nicht, dass schon am 20. Juni 1988 eine DPA-Sondermeldung über das Ableben von »Knautschke« herausgegeben werden musste. Geradezu dramatisch gestalteten sich »Knautschkes« letzte Lebenstage. Nachdem die Flusspferdherde am Sonntag, dem 12. Juni 1988, wie gewohnt in der Frühe aus ihren Ställen ins Außengehege entlassen worden war, kam es für uns völlig unvermittelt zu einem ernsthaften Kampf zwischen »Nante« und »Knautschke«, wobei »Nante« als erster seinen Vater attackierte. Der anschließende Beschädigungskampf zwischen den beiden Bullen währte zwölf Stunden und war durch ein Auf- und Abebben der Energie beider Kämpfer gekennzeichnet. Als mögliche Ursache für das plötzliche Erwachen von »Nantes« Kampflust kann angesehen werden, dass »Knautschke« an diesem Morgen nicht wie gewohnt seine Beckenkante mit Kot markiert hatte. Trotz größten Einsatzes aller Tierpfleger gelang es über Stunden nicht, die beiden kämpfenden Giganten zu trennen. Erst am späten Abend ließ sich »Nante« einsperren. »Knautschke« war in der Maulregion verletzt worden und wirkte völlig erschöpft. Er blieb im Außenbecken zurück. Kreislaufstärkende Spritzen durch den Tierarzt weckten seine Lebensgeister nur unwesentlich. An den beiden folgenden Tagen bewegte sich der alte Nilpferdbulle fast gar nicht. Das Beckenwasser war auf einen geringen Stand abgelassen worden, damit das schwere Tier zwar etwas Halt hatte, aber andererseits auch bequem liegen konnte. Nach geringfügiger Aktivität am dritten Tag gelang es, am 16. Juni das bereits sichtlich abgemagerte Flusspferd über die Treppe ins Haus zu sperren. Hierbei zeigte der Sicht- und Geruchskontakt bei »Nante« enorme Aufregung. Auch im Stall lag »Knautschke« ausschließlich und nahm keinerlei Futter mehr zu sich. Da er täglich immer mehr abbaute und keine Besserung des Zustandes zu erwarten war, entschlossen wir uns am 20. Juni schweren Herzens, »Knautschke« einzuschläfern. Eine Rückführung in die Gruppe erschien ausgeschlossen. Um den Abtransport des Kadavers in einem Stück zu sichern, wurde »Knautschke« noch einmal in das Außenbecken gelassen. Um 19.00 Uhr erhielt er die ersten sedierenden Mittel,

8¦ *Über die Stufen geht es in das frisch gefüllte Innenbecken des Flusspferdhauses. »Knautschke« vorn, links Reviertierpfleger Max Preuß.*

»Knautschke«

und wurde dann, nachdem seine Bewegungsunfähigkeit eingetreten war, euthanasiert.

»Knautschke« wurde als Skelett und als Dermoplastik in der Naturwissenschaftlichen Sammlung Berlin ausgestellt. Mit einem Alter von 45 Jahren und 22 Tagen hat er den Rang eines Nilpferdveterans erreicht. »Knautschkes« Frau »Boulette« überlebte ihren Vater und Mann um etliche Jahre. Sie starb 2005 im Alter von 53 Jahren und 9 Monaten. Von ihrem Sohn »Nante« hatte sie noch fünf Kinder bekommen, das letzte 1995 im Alter von 43 Jahren. Neben dem Präparat für die naturwissenschaftliche Sammlung Berlin, von Manfred Gräfe ausgeführt, wurde auch ein naturgetreuer Gipsabdruck von »Knautschke« hergestellt, den die Berliner Gießerei Noack als Vorlage für eine Bronzeplastik nahm. Dieses Bronzedenkmal des berühmtesten Berliner Flusspferdes steht nunmehr vor dem in seiner Art und Ausstattung für Europa einmaligen neuen Flusspferdhaus des Zoologischen Gartens, das 1996 eröffnet wurde. Hier kann der Besucher die Nilpferde beim Tauchen und Schwimmen unter Wasser beobachten, etwas, was zuvor schon in verschiedenen Zoologischen Gärten der USA und in Asien ausgeführt wurde (San Diego, Toledo, Osaka usw.). Inzwischen gibt es im Zoo Hannover eine weitere Flusspferdanlage mit Unterwassereinblick. Das neue Flusspferdhaus ist sozusagen ein riesiges Hippoaquarium.

Die Bronzeplastik von »Knautschke« vor dem Flusspferdhaus wird von Kindern und auch von Erwachsenen gestreichelt, beklettert und genießt große Aufmerksamkeit. Noch immer hört man Eltern und Großeltern ihren Kindern von »Knautschke« erzählen und wie er ihr Leben begleitet hat.

9| *»Knautschke« (hinten) 1961 mit Familie: »Klops«, »Boulette«, »Jule«, »Jette« (vlnr).*

10| *Der bekannte Tierschriftsteller Paul Eipper mit dem Gorillaknaben »Bobby«, den er im Zug von Marseille nach Berlin brachte.*

»Bobby«, »Pongo«, »Knorke« – Gorillas in Berlin

Heute weiß jeder, dass es vier Menschenaffenarten gibt: Schimpanse (Pan troglodytes), Bonobo (Pan paniscus) und Gorilla (Gorilla gorilla) in Afrika sowie Orang-Utan (Pongo pyggmaeus) auf Borneo und Sumatra. Der Bonobo oder Zwergschimpanse wurde jedoch erst in den zwanziger Jahren des letzten Jahrhunderts als eigene Art erkannt und für die Wissenschaft beschrieben. Aber auch vom Gorilla kam die Kunde erst im 19. Jahrhundert nach Europa. Schädel und Skelettteile gelangten 1847 aus Gabun nach Amerika und wurden als Knochen einer neuen Menschenaffenart erkannt. Bekannt sind die Beschreibungen von Du Chaillu über frei lebende Gorillas. Sie basierten auf den Berichten der afrikanischen Bevölkerung und waren entsprechend ausgeschmückt, vor allem in Bezug auf die Gefährlichkeit von Gorillas. Die Berichte, die Alfred Edmund Brehm in sein »Illustrirtes Tierleben« übernahm, kamen der Naturgeschichte der großen Menschenaffen weit näher. Dennoch hielt sich lange das Bild von der Bestie, das dann in Romanen und Filmen bis hin zum berühmten »King Kong« noch jahrzehntelang die Vorstellungen vom Gorilla bestimmten.

In der zweiten Hälfte des 19. Jahrhunderts hatte man mehrfach versucht, Gorillas nach Europa zu bringen, jedoch starben die meisten unterwegs. Der erste für Europa bestimmte Gorilla erreichte 1855 Liverpool. Er stammte aus dem Kongo und wurde irrtümlich für einen Schimpansen gehalten. Das Tier erhielt den Namen »Jenny« und wurde in der Menagerie von Mrs. Wombwell gezeigt. Dort lebte»Jenny« sieben Monate. Der zweite Gorilla für Europa – auch gleich als solcher erkannt – kam nach Berlin. Das Männchen »M'Pungu« wurde als Jungtier in Westafrika gefangen. Am 29. Juni 1876 traf es in Berlin ein und wurde einen Tag später dem Aquarium Unter den Linden/Ecke Schadowstraße übergeben, das den Gorilla für 20.000 Reichsmark gekauft hatte. Das alte Berliner Aquarium war als Grottenlandschaft gestaltet, »M'Pungu« erhielt eine eigene Felsgrotte, vom Publikum durch eine Glasscheibe getrennt. Als der kleine Gorilla bald darauf erkrankte, behandelten ihn die berühmtesten Berliner Ärzte, u.a. Rudolf Virchow. Nach seiner Gesundung wurde »M'Pungu« 1877 im Königlichen Aquarium in Westminster in London ausgestellt und danach zwölf Tage im Zoo Hamburg. Nach Berlin zurückgekehrt, erkrankte der Gorilla Ende September und starb am 13. November 1877. Später kamen noch mehrfach junge Gorillas in das Berliner Aquarium, lebten aber nur kurze Zeit. Berühmt wurde das Breslauer Gorillaweibchen »Pussy«, das 1897 in den Zoo der schlesischen Metropole gelangte.

Nicht weniger berühmt sollte später »Bobby« werden, der als 16 kg schwerer Gorillajüngling in den Berliner

Zoo kam. Geheimrat Heck erwarb den Gorillaknaben 1928. Der kleine Gorilla lebte zu diesem Zeitpunkt in Südfrankreich in der Tiereingewöhnungsstation Crois de Cagnes, die von Georges Basilewsky betrieben wurde. Über diese Tierstation gelangten später vor allem Lemuren in die europäischen Zoos. Der berühmte Tierschriftsteller Paul Eipper brachte »Bobby« in einem Personenabteil der Eisenbahn von Marseille nach Berlin. Im Zoo wurde »Bobby« von Reviertierpfleger August Liebetreu betreut. 1931 konnte er in das neue Affenpalmenhaus umziehen, den letzten großen Tierbau, den Ludwig Heck in seiner Direktorenzeit bauen ließ.

Damals orientierte sich die Gorillafütterung noch weitgehend am menschlichen Speiseplan. »Bobbys« Appetit war gut entwickelt, und so nahm er rasch an Gewicht zu. Geheimrat Heck, von dem es eine schöne Porträtaufnahme mit »Bobby« auf dem Arm gibt, schrieb in seinem Zooheftchen für Kinder (»Papa Heck und seine Lieblinge«), dass »Bobby« drei Jahre nach seiner Ankunft schon 65 kg wog und er ihn deshalb schon längst nicht mehr auf dem Arm tragen könne. Weiterhin prophezeite der Geheimrat, dass »Bobby« vielleicht mal vier Zentner oder noch mehr wiegen würde. Da hatte Ludwig Heck fast recht, brachte es doch »Bobby« 1935 auf 262 kg, also auf über 5 Zentner. Die Abbildung im Zooführer von 1935 zeigte ihn als gewaltigen Gorillamann mit großer Stirnhaube und ausgeprägten Überaugenwülsten. Noch mancher ältere Berliner erinnert sich an den starken Gorillamann im Affenpalmenhaus. Leider starb »Bobby« am 1. August 1935 an einer Blinddarmentzündung.

Natürlich bemühte sich der Zoo danach wieder um einen neuen Gorilla, und so wurde am 20. November 1936 der Gorillaknabe »Pongo«, der sich ebenfalls schnell und gut entwickelte, im Zoo begrüßt. Der Zooführer von 1941 zeigt den herangewachsenen Gorillajungen, der nach vier Jahren bereits 88 kg wog. Viele Tiere kamen durch die Bombardierung im Zweiten Weltkrieg ums Leben, und auch die Endkämpfe Ende April bis Anfang Mai 1945 richteten noch einmal schwere Verwüstungen im Zoologischen Garten an. »Pongo« wurde bei Kriegsende mit zwei Stichwunden in der Brust von seinen Tierpflegern tot aufgefunden. Auch wenn er nicht das gewaltige Gewicht von »Bobby« erlangte, war er zum stattlichen Gorillamann herangewachsen.

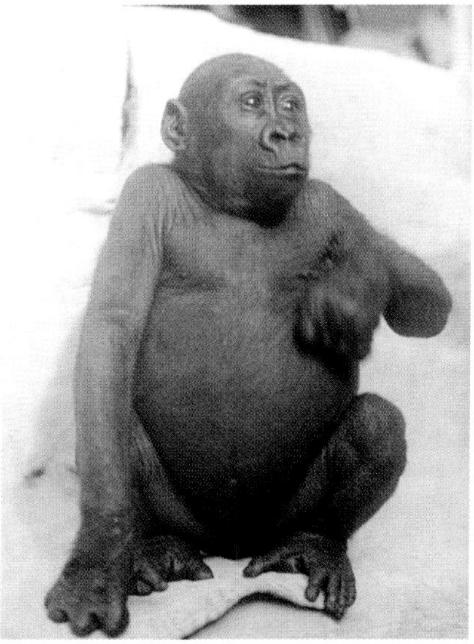

11 – 13 | Gorillaknabe »Bobby« kurz nach seiner Ankunft im Zoo Berlin.

14 Hier ist »Bobby« mit seinem Ziehvater Reviertierpfleger August Liebetreu zu sehen. Als Spielkumpan hat er einen Schimpansen bekommen (links).

15 Der herangewachsene Gorilla »Bobby« im Spiel mit seinem Pfleger August Liebetreu.

16| Inzwischen ist »Bobby« bereits zum über 5 Zentner schweren Gorillamann herangewachsen.

17| *Gorilla »Pongo« als »Halbstarker«.*

»Bobby« ist übrigens posthum zweimal für die Berliner erhalten worden. Im Museum für Naturkunde Berlin steht bis heute eine phantastische Dermoplastik von »Bobby«, die die Präparatoren Karl Kästner und Gerhard Schröder angefertigt haben. Die Dermoplastik wirkt so lebensecht, dass der Betrachter jeden Moment erwartet, dass »Bobby« aufsteht und auf einen zukommt. Der Bildhauer Fritz Behn schuf aus einem Granitblock ein beeindruckendes lebensgroßes Denkmal des erwachsenen Gorillamannes. Den Krieg überstand die Statue unversehrt, eingegraben in ein Rosenbeet der Zoopromenade.

1957 konnte der noch junge Zoodirektor Dr. Heinz-Georg Klös den Gorillaknaben »Knorke« erwerben, der im Tierkrankenhaus untergebracht wurde, da das neue Menschenaffenhaus erst 1959 fertig wurde. »Knorke« war ein besonders liebenswerter Gorilla, der leider kränkelte. Anfänglich war sogar eine Kinderschwester für ihn da. 1959 erhielt »Knorke« ein Weibchen, die zweijährige »Fatou« Während »Knorke« 1963 starb, ist »Fatou« mit inzwischen 51 Jahren die Seniorin der Berliner Gorillatruppe. Dicht gefolgt wird sie von der zwei Jahre jüngeren »Gigi«, die mit ihr das Gehege teilt. 1960 kamen zwei junge Gorillamännchen hinzu, »Tono« und »Bakala«. Da beide noch kaum dem Babyalter entwachsen waren, wurden sie in menschlichen Haushalten aufgezogen, »Tono« bei Kurt Walter, dem Nachfolger von Liebetreu, und »Bakala« bei Dr. Wolfgang Gewalt, dem damaligen Oberassistenten im Zoo Berlin und späteren Duisburger Zoodirektor. Wolfgang Gewalt hat über diese Aufzucht das amüsante Büchlein »Bakala – ein Gorilla lebt in unserer Küche« geschrieben. 1963 traf »Knorke II« ein. »Tono« entwickelte sich Zeit seines Lebens nur schwächlich, während »Bakala« und »Knorke II« sich zu schönen Gorillamännchen auswuchsen. »Bakala« gehörte eher zum schlanken Typus, während »Knorke II« kurz und gedrungen war.

1956 wurde der erste Gorilla in Menschenhand geboren. Am 22. Dezember kam im Zoo Columbus/Ohio, USA, das Weibchen »Colo« zur Welt. Die erste europäische Gorillazucht konnte der Baseler Zoo verbuchen. Am 23. September 1959 brachte die berühmte Baseler »Achilla« das weibliche Jungtier »Goma« zur Welt. Der erste deutsche Gorilla – der Gorillaknabe »Max« – wurde 1965 im Zoo Frankfurt geboren.. Im Berliner Zoo sollte es bis 1974 dauern. Am 30. Oktober 1974 hatte »Fatou« ihr einziges Jungtier, das Gorillamädchen »Dufte«. Vater war »Knorke II«. Knapp elf Jahre später, am 9. Juli 1985, bekam »Dufte« ihr erstes Jungtier, das Weibchen »Mpenzi«. Diesmal war »Bakala« der Vater. Ab 1992 gab es dann weitere Gorillageburten im Berliner Zoo. Der Frankfurter Gorillamann »Derrick« kam als Vater zum Einsatz. Momentan steht ein neuer Gorillamann, der 20-jährige »Ivo«, im Interesse der Gorilladamen und der Zoobesucher, und es ist zu hoffen, dass die traditionsreiche Berliner Gorillazucht ihre Fortsetzung findet.

Keiner der Nachfolger von »Bobby« hat je seine Körperfülle erreicht, was natürlich auch an dem heutigen Speiseplan liegt, der sich an der überwiegend vegetarischen Ernährung der Gorillas orientiert. Dennoch beeindruckt die Entwicklung von »Bobby« noch heute den Betrachter. Er war der erste Gorilla, der sich in einem Zoo vom Jungtier zum erwachsenen Mann entwickelt hat.

18 | *Gorilla »Pongo« mit einem Gewicht von gut 4 Zentnern.*

19 *Porträtaufnahme von »Roland II«.*

Sie hießen alle »Roland« – Rüsselrobben im Berliner Zoo

Schon kurz nach der Eröffnung des Berliner Zoos waren erstmals Robben zu sehen. So ist für 1846 schon eine Ringelrobbe (Phoca hispida) vermerkt. Auch Kegelrobben, Seehunde und Kalifornische Seelöwen gehörten bereits im 19. Jahrhundert zum Tierbestand. Die größten und schwersten Robben sind die See-Elefanten, die in zwei Arten, dem Südlichen See-Elefanten (Mirounga leonina) und dem Nördlichen See-Elefanten (Mirounga angustirostris) in den Meeren zu finden sind. Die Bullen erreichen ein Gewicht von über zwei Tonnen. Namensgebend ist die rüsselartig verlängerte Nase, die vor allem beim Bullen zu einem großen ballartigen Gebilde aufgebläht werden kann. Auch beim Import dieser seltenen Robben ist wieder der Name des Hamburger Tierhändlers und Zoobetreibers Carl Hagenbeck zu nennen, der erstmals viele Arten für die Zoologischen Gärten importiert hat. Ihm gelang die Ersteinfuhr 1910. Schon zuvor soll es Nördliche See-Elefanten in New York gegeben haben, die der Tierhändler Reiche vor der Küste Kaliforniens hatte fangen lassen. Über den weiteren Verbleib der Tiere ist jedoch nichts bekannt. Die übrigen See-Elefantenimporte gehen auf die Söhne von Carl Hagenbeck, Lorenz und Heinrich, zurück. So ließ Lorenz Hagenbeck 1910 drei Südliche See-Elefanten fangen, die zu seiner Enttäuschung zwar noch Jungtiere waren, aber ein Paar davon gelangte lebend nach Hamburg und wurde in Hagenbecks Tierpark ausgestellt. Die beiden entwickelten sich gut und lebten bis 1916, wie Ludwig Zukowsky, damals wissenschaftlicher Mitarbeiter bei Hagenbeck und später Direktor der Zoologischen Gärten von Münster und Leipzig, uns schriftlich übermittelt hat.

Von 1910 bis 1936 gelang es der Firma Hagenbeck, 24 See-Elefanten zu importieren, alle von der südlichen Art. Außer Hagenbecks Tierpark hielten der Tierpark München Hellabrunn und später der Zoo Berlin See-Elefanten. Auch der Zirkus Krone führte einen erwachsenen See-Elefanten in seiner Tierschau mit. 1930, ein Jahr vor Ende seiner Dienstzeit, konnte Ludwig Heck den ersten See-Elefanten für den Berliner Zoo erwerben, er erhielt den Namen »Roland« und lebte fünf Jahre. Nach dem Verlust des ersten See-Elefantenbullen erwarb der Zoo bald wieder einen See-Elefantenbullen, er hieß ebenfalls »Roland«, erreichte ein Gewicht von 40 Zentnern und war über 4,5 m lang. Gleiche Größen und Gewichtsangaben sind nur vom Hamburger See-Elefantenbullen »Goliath« bekannt. 1936 gelang es, noch ein Weibchen zu erwerben, die See-Elefantenkuh »Freya«. Erstmalig kam es 1926 zur Geburt eines Jungtieres vom See-Elefanten in Menschenhand. In Hagenbecks Tierpark gebar das Weibchen »Nixe« ein männliches Jungtier, das nur wenige

20| *»Roland I« im Sommer 1930. Der Robbenfelsen ist noch nicht fertig gestellt, so dass »Roland« in einem Außengehege der Elefantenpagode untergebracht werden muss.*

21 *»Roland II« und sein Weibchen »Freya« auf dem neuen Robbenfelsen im Juni 1936.*

Stunden lebte. Es war 1,20 lang und hatte bereits einen ausgebildeten Rüssel, wie Hermann Steinmetz, damals wissenschaftlicher Mitarbeiter im Zoo Berlin und später Direktor des Ruhrzoos Gelsenkirchen, in einem Aufsatz berichtete. Eine zweite Geburt überlebte ebenfalls nicht.

1938 gab es zum ersten Mal See-Elefanten-Nachwuchs im Berliner Zoo. »Freya« hatte eine Totgburt am 4. März, das Kuhkalb war 1,10 m lang und wog 18 kg. Die paarweise Haltung von See-Elefanten in Zoologischen Gärten ist nicht unproblematisch, da sich während der Brunft die ganze Energie des Bullen auf nur ein Weibchen beschränkt, während er in freier Wildbahn einen ganzen Harem hat, den er, wie auch sein Revier, gegen benachbarte Bullen verteidigen muss. In Zoologischen Gärten kommt es deswegen häufig zu Beißereien zwischen den See-Elefanten, deren Folgen häufig gefährliche Wunden sind. So starb denn auch »Freya« drei Jahre nach ihrer Ankunft an stark eiternden Wunden, die ihr von »Roland II« während der Brunft zugefügt worden waren. »Roland II« selbst lebte ebenfalls nur drei Jahre in Berlin. 1939 war noch einmal ein See-Elefantenbulle in den Zoo gelangt, »Roland III«. Er starb 1944 an den Folgen von Verletzungen durch Granatsplitter.

22 | *»Roland III« trifft 1939 im Zoo Berlin ein. Die Rüsselrobbe ist schon fast erwachsen.*

Die mächtigen See-Elefanten hatten bei vielen Besuchern einen starken Eindruck hinterlassen, und nachdem die ersten Nachkriegsschwierigkeiten überwunden waren, bemühte sich Frau Heinroth, erneut einen See-Elefanten zu bekommen. Der Robbenfelsen hatte wie alle Naturfelsbauten des Zoos zwar den Krieg relativ unbeschadet überstanden, jedoch mussten die durchlässigen Becken abgedichtet werden. 1955 bezog »Roland IV« sein Becken am Robbenfelsen. Diesmal handelte es sich um einen Vertreter der nördlichen Art, der einzige, der bisher im Zoo Berlin zu sehen war. Robben haben die Eigenschaft, viele Gegenstände, die ins Wasser geworfen werden, zu schlucken, sicher begründet durch das natürliche Verhalten, in freier Wildbahn Steine zu schlucken. Die berühmte Hamburger Zoologin Erna Mohr hat über dieses Thema gearbeitet. »Roland IV« war 1955 als zwei Zentner schweres Jungtier in den Berliner Zoo gekommen. Bei seinem Tod 1961 wog er eine Tonne. Die Sek-

23| *See-Elefanten zeichnen sich durch einen gesegneten Appetit aus – »Roland III« im Mai 1943.*

24 | *Der einzige Nördliche See-Elefant traf nach dem Krieg im Zoo Berlin ein. Auch er erhielt den Namen »Roland« (IV). Aufnahme vom März 1959.*

25 *Südlicher See-Elefant »Roland V« mit Reviertierpfleger Gerhard Schönke.*

tion ergab blutige Magen- und Darmentzündung infolge vieler verschluckter Fremdkörper. Seit damals steht ein Schaukasten am See-Elefantenbecken (heute Seehundanlage), der die Besucher ermahnt, keine Gegenstände ins Wasser zu werfen. Gleichzeitig sind eine Reihe von Gegenständen ausgestellt, die im Robbenbecken gelegen haben, und ein Foto des bei der Sektion geöffneten Magens von »Roland« mit all den Fremdkörpern (u. a. Unmengen von Eisstielen) abgebildet.

Als Ersatz kamen als Geschenk der Meierei Bolle 1962 ein Paar Südlicher See-Elefanten in den Zoo. Der Bulle erhielt traditionell den Namen »Roland« (V), das Weibchen wurde in Anlehnung an die Spenderfirma »Bollie« genannt. »Bollie« war bei ihrer Ankunft schon ausgewachsen, »Roland« galt als jungerwachsen. Sie lebten beide bis 1970 im Zoo. Während der Brunft kam es auch hier zu heftigen Streitigkeiten, so dass die Kuh mitunter abgetrennt werden musste, dennoch waren die Paarungen erfolgreich. 1964 bis 1968 hatte »Bollie« Geburten, von denen vier allerdings tot zur Welt kamen. Nur das Jungtier von 1965 lebte vier Tage.

Insgesamt sind die Zuchterfolge beim See-Elefanten bis heute äußerst rar, die erste gelungene Aufzucht gab es 1965 mit der berühmten »Isolde« in der Wilhelma Stuttgart. Verschiedene Gründe werden dafür verantwortlich gemacht. Bei der geringen Anzahl von Geburten fällt auf, dass es insgesamt einen hohen Anteil an Totgeburten gibt. Offensichtlich verzögert sich der Geburtsverlauf, da die Tiere im Zoo mitunter zu fett sind und wahrscheinlich auch etwas muskelschwach, denn im Gegensatz zur freien Wildbahn, wo See-Elefanten ungefähr ein Drittel des Jahres auf hoher See verbringen, finden sie im Zoo ganzjährig die Situation vor wie sonst an ihren Wurfplätzen. Möglicherweise wäre der Einsatz von Brandungsanlagen mit Wellenmaschinen auch für See-Elefanten in Zoos nicht ungeeignet. Inzwischen gibt es so was für Seehund- und Seelöwenanlagen, auch im Zoo Berlin.

1971 konnten erneut Südliche See-Elefanten beschafft werden. Die achtjährige »Efa« und der sechsjährige »Bolle« (die Spenderfirma führte zur Durchbrechung der Tradition »Roland«!). »Bolle« lebte bis 1978 und »Efa« bis 1980. »Bolle« und »Efa« sind das erste See-Elefantenpaar, das zweimal lebenden Nachwuchs im Zoo Berlin gebar. Am 29. März 1974 brachte »Efa« ein Bullkalb zur Welt, das eine Gesamtlänge von 142 cm hatte. Nach der Geburt schien der kleine See-Elefant kaum zu atmen, so dass die Brust massiert werden musste, worauf die Atmung stärker wurde und das Jungtier Laute von sich gab. Die Mutter schien sich nicht um das Neugeborene zu kümmern, ein Anlegen scheiterte am Abwehrverhalten der Mutter. Es wurde daraufhin zur Handaufzucht abgenommen, der kleine Bulle erhielt den Namen »Schnorchi« und wurde von Reviertierpfleger Günter Gonz und dessen Frau Uta versorgt. Da Robbenmilch sehr fettreich ist, mischte man als Ersatz Sahne darunter, angereichert mit Boviserin (Rinderserum). »Schnorchi« war noch im Embryonenkleid, im braunen pelzigen Fell, geboren worden, das ab dem zehnten Tag auszufallen begann. Leider gelang die Aufzucht nicht, er begann die Nahrung zu verweigern und starb im Alter von 20 Tagen. Die Sektion ergab eine ungenügende Entfaltung des Lungengewebes.

Noch einmal sollten »Bolle« und »Efa« erfolgreich Eltern werden, und zwar 1977. Im Jahr zuvor hatte es noch einmal eine Frühgeburt gegeben. Am 14. April 1977 brachte »Efa« ein weibliches Jungtier zur Welt. Das Kalb wog 35 kg und hatte eine Gesamtlänge von 114 cm. Die Geburt hatte sich auf dem Außengehege ereignet, da nicht mit einer Trächtigkeit von »Efa« gerechnet worden war. Unter Schwierigkeiten gelang es, »Bolle« abzusperren, aber das Weibchen blieb mit dem Jungtier auf dem Außengehege. Da sie sich ausgesprochen aufgeregt zeigte, entschloss man sich wiederum zu einer Handaufzucht. Diese wurde erneut von Günter Gonz und seiner Frau durchgeführt und war erfolgreich. Ein im gleichen Jahr im Zoo Antwerpen auf die Welt gekommener See-Elefant, das Männchen »Erik«, wurde später als Gefährte für das Kuhkalb, das den Namen »Antje« erhielt, ausgewählt.

Noch einmal gab es ein Südliches See-Elefantenpaar im Zoo Berlin. 1979 traf über den südafrikanischen Tierhändler Visser die einjährige »Nixe« ein, der am 10. März 1983 ein junger Bulle namens »Sammy« zugesellt werden

26| *See-Elefantenkuh »Efa« mit Jungtier »Schnorchi« kurz nach der Geburt 1974. Sie hat das Jungtier nicht angenommen.*

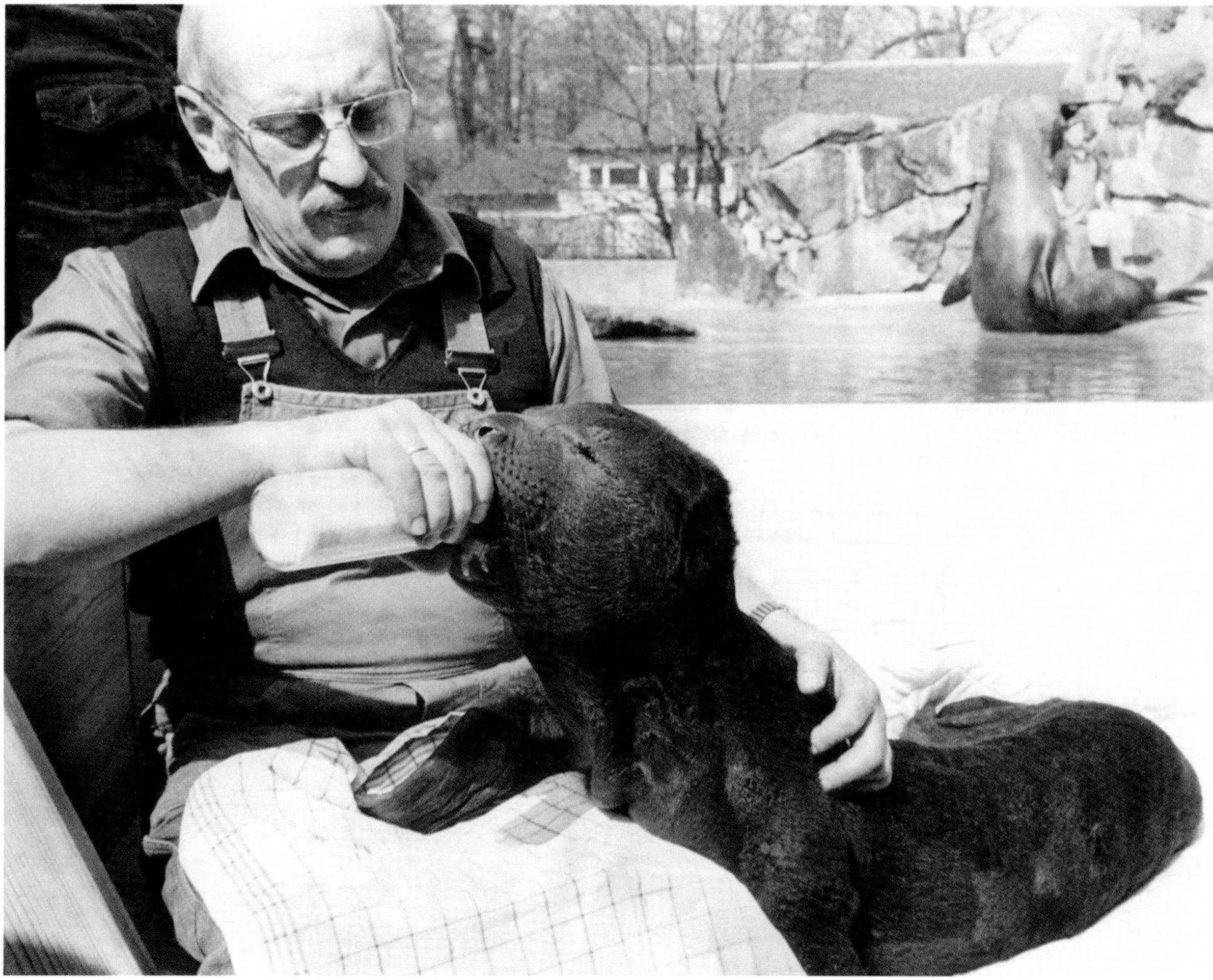

27| *Günter Gonz versucht die Flaschenaufzucht von See-Elefantenjungtier »Schnorchi«. Im Hintergrund ist Vater »Bolle« zu sehen.*

28| *Der 1977 geborene und aufgewachsene See-Elefant »Antje«. Die Eltern sind »Bolle« und »Efa«.*

29 *Südliches See-Elefantenpaar »Bolle« und »Efa« mit Reviertierpfleger Günter Gonz.*

konnte. »Sammys« Mutter wurde in Südafrika in der Nähe von Durban erschöpft an den Strand gespült. Man brachte sie daraufhin in das dortige Aquarium, in dem sie im Oktober 1982 den männlichen Welpen zur Welt brachte. Die Mutter wurde schon bald wieder freigelassen, das Jungtier verblieb in Menschenhand. »Sammys« frühe Trennung von der Mutter hat sein Wachstum und seine Gewichtsentwicklung behindert. Umso erstaunter waren wir im Zoologischen Garten, als er schon im April 1985 zusammen mit »Nixe« Paarungsaktivitäten entfaltete. Eigentlich rechneten wir nicht damit, dass es schon zu einer erfolgreichen Trächtigkeit von »Nixe« kommen konnte, doch Reviertierpfleger Dieter Petersen war von einer Trächtigkeit überzeugt. Am 17. Januar 1986 gebar »Nixe« einen männlichen Welpen, der jedoch nur vier Stunden lebte. »Nixe« selbst kümmerte sich nicht um das Jungtier, das bei Dienstbeginn vorgefunden worden war. Es handelte sich um ein sechs Wochen zu früh geborenes Jungtier mit einem Gesamtgewicht von nur 13 kg und einer Kopfrumpflänge von 78 cm. Er war vollständig mit dem schwarz-braunen Welpenpelz behaart. Die Augenlider waren noch geschlossen. Der Sektionsbefund ergab, dass die Lungen zwar überwiegend entfaltet waren, die Nebennierenrinde jedoch zahlreiche Blutungen zeigte. Es gab für diese Frühgeburt keine Überlebenschance, zumal auch Gewicht und Größe deutlich unter dem ausgetragener See-Elefanten lag. »Nixe« war zum Zeitpunkt der Paarung siebenjährig, aber »Sammy« hatte schon im Alter von zwei Jahren und fünf Monaten erfolgreich gedeckt. Diesen frühen Zeitpunkt der Geschlechtsreife haben wir in unserer Zoozeitschrift »Bongo« festgehalten. In der Regel veranschlagt man bei weiblichen See-Elefanten zwei Jahre bis zur Geschlechtsreife, bei Bullen vier Jahre. Tatsächlich kommen jedoch die meisten Bullen erst wesentlich später zum Einsatz, da die älteren Bullen die Harems besetzen, und die jungen Bullen sich in Geduld üben müssen.

Nachdem »Sammy« 1992 gestorben war, kam 1993 der bisher letzte See-Elefant in den Berliner Zoo. Aus dem Ozeaneum Port Elizabeth in Südafrika traf am 1. April 1993 der etwa dreijährige Bulle »Sharkey« ein. »Sharkey« war, von Haien verletzt, an der Südküste Afrikas aufgefunden und im Aquarium Port Elizabeth gesund gepflegt worden. Auch gegenüber »Nixe« zeigte sich »Sharkey« wenig freundlich. 1995 verletzte er sie so schwer, dass sie an den Folgen einer Darmperforation starb. »Sharkey« selbst starb 1999, womit die See-Elefantenhaltung im Zoo Berlin endete.

See-Elefanten sind ohne Frage imponierende Tiere, die Zoobesuchern, wie die Geschichte von »Roland« und seinen Nachfolgern zeigt, immer im Gedächtnis bleiben. Für eine erfolgreiche See-Elefantenaufzucht müsste jedoch das Haltungssystem verändert werden. Die angesprochenen Wellenanlagen, eine ausreichende Tiefe des Beckens und ein größerer Landteil sind dafür Voraussetzungen.

30 | *»Rike« und »August« auf der Freianlage des Antilopenhauses.*

»Rike« und »August« – Giraffendamen und -herren

Gleich Elefanten, Flusspferden und Menschenaffen gehören Giraffen zu den besonders beliebten Zootieren, die unsere Tiergärten schon in ihren Anfangstagen zu erwerben suchten. Oft war jedoch die Haltung der ersten Giraffen nicht von langer Dauer, und auch in Berlin, wo 1864 die erste Giraffe eintraf, war dem Tier kein langes Leben beschieden. Die Giraffen, die im 18. Jahrhundert in die Tiergärten gelangten, gehörten überwiegend zur Unterart der Nubischen Giraffe (Giraffa camelopardalis camelopardalis), so auch das Tier von 1864, dem 1870 und 1871 je ein Paar von Hagenbeck folgte. Das erste Paar gehörte zum großen Sudan-Transport von Carl Hagenbeck. 1872 konnten die Giraffen in das prächtige neue Antilopenhaus einziehen, das noch heute als in seinen Grundmauern ältestes Haus des Zoologischen Gartens Berlin fortbesteht. Der Bau entstand im orientalischen Stil mit minarettartigen Türmen und arabischen Torbögen. Um das Haus gruppierten sich Freianlagen, die wie Tortenstücke aussahen – für Antilopen und anfänglich auch Zebras. In der Mitte gab es ein größeres Gehege für die Giraffen. Später wurden auch andere Giraffenunterarten gezeigt, so die Massai-Giraffe (Giraffa camelopardalis tippelskirchi), die der damalige Zooassistent Dr. Lutz Heck gemeinsam mit Oberwärter Olsen 1927 in Tanganjika fing.

Über den abenteuerlichen Fang und Transport einer ganzen Gruppe von jungen Massai-Giraffen nach Berlin hat Lutz Heck sowohl in seinen Büchern als auch in der Tiergärtnerzeitschrift »Der Zoologische Garten« berichtet. Interessanterweise wurden die Tiere nach der Ankunft eine Zeit lang im Rahmen einer Sonderschau vergesellschaftet mit Böhm-Zebra und Afrikanischem Strauß gezeigt. In den dreißiger Jahren des vergangenen Jahrhunderts kamen dann weitere Giraffen nach Berlin. Sie waren in Ostafrika in der Gegend des damaligen Rudolph-Sees gefangen worden. Nach der vorherrschenden, systematischen Meinung wurden sie seinerzeit als Powel-Cotton-Giraffen bezeichnet. Die Unterart cottoni wird heute nicht mehr als selbstständige Form geführt, genauso wie die so genannte Kongo-Giraffe, die sich unter anderem im Giraffenbuch von Ingo Krumbiegel noch findet. Heute werden auch die Cotton-Giraffen zur Uganda- oder Rothschildgiraffe (Giraffa camelopardalis rothschildi) gezählt, im englischen Sprachraum Baringo-Giraffe genannt. Diese gehört zu der am häufigsten gehaltenen Art in unseren heutigen Tiergärten. Verschiedene Bilder aus den dreißiger Jahren zeigen Massai-Giraffen gemeinsam mit Powel-Cotton-Giraffen auf der Freianlage des Antilopenhauses. Es kam aber zur reinen unterartlichen Zucht, mehrere Kälber wurden gesetzt.

»Rike« und »August«

Im Oktober 1938 wurde das Kuhkalb »Rike« geboren, die mit ihren Eltern im Zoo Berlin verblieb. Die schweren Luftangriffe, die während des Zweiten Weltkrieges den Berliner Zoo heimsuchten, zerstörten auch das Antilopenhaus. Besonders schwer war der Angriff vom 22. zum 23. November 1943, bei dem »Rikes« Eltern den Tod fanden. Auch »Rike« wurde während des Bombenangriffs verletzt, Gott sei Dank nur leicht durch einen Bombensplitter am Bein. Die Verletzung heilte gut aus, und so wurde »Rike« am 15. November 1944 in den Tiergarten Wien-Schönbrunn evakuiert und dort im Giraffenhaus untergebracht.

Die Giraffenanlage des Tiergartens Schönbrunn gehört zu den Tiergehegen im Zentrum des alten Zooteils, die sich um den Kaiserpavillon gruppieren. Bis heute ist die Giraffenanlange an der gleichen Stelle zu sehen. Frau Heinroth schreibt in ihren Memoiren »Mit Faltern begann's«, dass sie nach dem Krieg den Wiener Zoodirektor Dr. Julius Brachetka auf der Internationalen Zoodirektorentagung kennen lernte. Ihr gutes Verhältnis zueinander und die persönlichen Beziehungen ermöglichten die Rückführung der inzwischen fünfzehnjährigen »Rike«, die Berlin 1953 erreichte. Damit hatte Berlin acht Jahre nach Kriegsende wieder eine Giraffe. Ihre Ankunft wurde ausgiebig gefeiert, und die Presse nahm daran großen Anteil. Wie bei solchem Anlass üblich, hielt die Zoodirektorin eine Ansprache und bedankte sich vor allem auch bei dem Wiener Kollegen, der »Rike« persönlich nach Berlin begleitet hatte. Doch als die großen Flügeltüren des Giraffenstalls geöffnet wurden, damit »Rike« in ihr Freigehege gelangen konnte, geschah gar nichts. Trotz, wie Frau Heinroth schreibt, bester Leckerbissen, war »Rike« nicht bereit, sich auf die Anlage locken zu lassen.

Dies gab sich natürlich später, und »Rike« wurde wieder ein Liebling der Berliner. Im Laufe der Zeit stellten sich jedoch bei ihr gesundheitliche Probleme ein, Abmagerung und Husten waren die Symptome einer Tuberkulose, die die erste Zootierärztin nach dem Krieg, Frau Dr. Wilma von Düring, jedoch zunächst erfolgreich behandeln konnte. Nachdem es »Rike« wieder besser ging, dachte Frau Heinroth daran, ihr einen Gefährten zu beschaffen. Da kein unterartgleiches Tier zu erhalten war, wurde auf einen Netzgiraffenbullen (Giraffa camelopardalis reticulata) zurückgegriffen. 1954 traf dieser, der den Berliner Namen »August« erhielt, ein. Als Spender fungierte das damals in Berlin bekannte Kaufhaus Defaka. »August« war in Tanganjika gefangen worden und wurde bei seiner Ankunft auf zwei Jahre geschätzt. »Rike« war immerhin schon 17 Jahre alt, und so ist es nicht verwunderlich, dass sie anfänglich den kleinen »August« eher bemutterte, als in ihm einen zukünftigen Bräutigam zu sehen. Im Februar 1957 starb »Rike« dann doch an ihrer Lungenkrankheit. Sie hat immerhin ein Alter von fast 19 Jahren erreicht, ein gutes Giraffenalter.

Inzwischen hatte Dr. Heinz-Georg Klös den Zoo, dem er 35 Jahre lang vorstehen sollte, als Direktor übernommen. Er entschied sich, wieder Massai-Giraffen in den Bestand zu holen, die wegen ihres besonders zerrissenen Fleckenmusters auch Weinblatt- oder Sterngiraffen genannt werden. Der Netzgiraffenbulle wurde gegen den Massai-Giraffenbullen eingetauscht, für das Weibchen konnte wiederum das Kaufhaus »Defaka« als Spender gewonnen werden. Traditionsgemäß hießen die beiden wieder »August« und »Rike«. Die neue »Rike« erlag jedoch 1958 unerwartet einer Darmverschlingung. Als neue Frau für »August« kaufte der Zoo 1959 die Angola-Giraffe »Kaoko« (Giraffa carmelopardalis angolensis).

Auch die ersten Giraffen des Tierparks Berlin gehörten dieser Unterart an. »August« und »Kaoko« hatten 1962 ein Kalb, das erste, das nach 20 Jahren wieder im Zoo Berlin geboren worden war. Der kleine Bulle »Erongo« wurde jedoch von der Mutter nicht angenommen, so dass eine Handaufzucht versucht wurde, die nicht gelang. Auch »Kaoko« verendete noch 1962. Mit den beiden 1964 eingetroffenen jungen Massai-Giraffenkühen »Naivasha« und »Namanga« konnte dann endlich wieder erfolgreich gezüchtet werden. 1968 brachten beide Weibchen ein gesundes Kalb zur Welt. Heute hält der Zoologische Garten Berlin Netzgiraffen in einer guten Zuchtgruppe, in der regelmäßig Kälber zu beobachten sind.

31 1927 trifft ein junges Paar Powel-Cotton-Giraffen im Berliner Zoo ein.

32 *Vor dem Krieg lebten verschiedene Giraffenunterarten im Antilopenhaus des Berliner Zoos: links zwei Powel-Cotton-Giraffen (Rothschildgiraffen), rechts eine Massai-Giraffe.*

33| *Giraffenmutter »Anneliese« mit Tochter »Rike«.*

34| *Während des Krieges war »Rike« evakuiert und lebte im Tiergarten Wien-Schönbrunn. Hier eine Aufnahme vom August 1953 kurz vor der Wiederabreise nach Berlin. Im Hintergrund der Frühstückspavillon des Kaisers.*

35| *Wiederankunft von »Rike« im Antilopenhaus des Berliner Zoos. Das Publikum freut sich vor dem Hintergrund des Hühnerhauses.*

36| *»Rike« im Innenstall des Antilopenhauses.*

37| *Geburtstag von »Rike« 1954 – ein Präsentkorb mit Laub und Früchten wird vom Pfleger serviert.*

38| *»Rike« auf dem Außengehege des Antilopenhauses.*

39| 1955 trifft als Gefährte für »Rike« der Netzgiraffenbulle »August« ein, Sponsor ist das Bekleidungshaus Defaka. Im Vordergrund Frau Dr. Katharina Heinroth, Direktorin des Zoologischen Gartens Berlin.

40| *Später lebten Massai-Giraffen im Antilopenhaus.*

Auch im Tierpark Berlin ist die Giraffenhaltung mit charakteristischen Tieren verbunden. 1960 folgten die Berliner Kinder einem Aufruf der damals sehr populären Kinderzeitung »Bummi« und sammelten Geld für einen Giraffenankauf des Tierparks. Prof. Heinrich Dathe hatte die Ambition mit etwas Schmunzeln zustimmend zur Kenntnis genommen, ging er doch nicht davon aus, dass eine entsprechende Summe aufgebracht werden würde. In kürzester Zeit kamen jedoch 20.000 Mark zusammen, und vom Tierhändler Schulz aus Okahanya in Südafrika wurden die beiden Angola-Giraffen »Fridolin« und »Sophie« übernommen. Das musste damals alles sehr schnell gehen, und so entstand erst einmal ein provisorischer Holzstall mit Freigehege für die Giraffen, der natürlich, wie es Provisorien so an sich haben, nur kurze Zeit stehen sollte, aber 35 Jahre seinen Dienst tat. Am 10. Dezember 1968 wurde die erste Giraffe im Tierpark Berlin geboren, das Kuhkalb »Bummi«, dem regelmäßig Giraffenkälber folgten. Ab 1977 bis heute gehören Uganda- oder Rothschildgiraffen (Giraffa camelopardalis rothschildi), die regelmäßig Kälber präsentieren, zum Bestand des Tierparks. Das 1995 entstandene neue Giraffenhaus mit seiner 7.400 m² großen Freianlage ist eine gute Heimstatt für die Tierparkgiraffen.

Und auch das Antilopenhaus im Berliner Zoo, das Frau Heinroth wieder errichten konnte und das später durch eine Vergrößerung der Freianlagen auch für Giraffen noch attraktiver wurde, gehört als ältestes Gebäude des Berliner Zoos zu den Schmuckstücken der europäischen Zooarchitektur.

41 | *Rosapelikan »Methusalem« mit seinen Eltern.*

»Methusalem«, »Knicki« und »Anatol« – Berliner Pelikan-Lieblinge

Pelikane gehören wie die Kormorane und Tölpel zur Vogelordnung der Ruderfüßer und sind ausgezeichnete Segelflieger. An Land wirken sie dagegen oft unbeholfen. Die nach hinten zeigende erste Zehe ist in die Schwimmhaut mit eingeschlossen, wodurch der stark watschelnde Gang entsteht. Pelikane gehörten schon früh zum Inventar der Zoologischen Gärten. Und bereits im 2. Verzeichnis der Tiere im Zoologischen Garten Berlin vom Juli 1845 wird als Besetzung des so genannten Neuen Teichs unter anderem ein Rosapelikan (Pelecanus onocrotalus) mit der Herkunftsangabe Ägypten geführt. Ein früher Zuchterfolg beim Rosapelikan ist im Zoo Rotterdam für 1872 vermerkt. 1931 kam es zur Zucht der gleichen Art im Baseler Zoo. Wenig bekannt sind die Rosapelikanzuchten zwischen 1908 und 1918 im Zoo Kairo, die Dr. Wolfgang Grummt, langjähriger Vizedirektor des Tierparks Berlin und Pelikankenner der europäischen Zoowelt, in der Fachzeitschrift »Der Zoologische Garten« beschrieben hat. Neben weiteren Pelikanzuchten in New York, Washington und Tokio waren dennoch die Zuchterfolge insgesamt eher selten.

Im Tierpark Berlin wurden Pelikane seit 1955 gehalten, hier kam es 1961 nach den Zuchterfolgen von Basel auch zur zweiten europäischen Zucht des Rosapelikans, zugleich eine deutsche Erstzucht. Der Vogel erhielt den Namen »Methusalem« und wurde später an den Zoologischen Garten San Diego abgegeben, seit jeher schon ein mit den Berliner Tiergärten befreundeter Zoo. Die Pelikanzucht im Tierpark Berlin ging fleißig weiter; aufgrund des reichen Materials zur Brutbiologie dieser Vogelfamilie schrieb Wolfgang Grummt darüber seine Dissertation. So wurden Brutdauer, Eigewichte, Angaben zur Jugendentwicklung inklusive Schlupfgewicht, Schnabelwachstum und anderes im Tierpark Berlin erforscht. Die Schnabellänge ist für die Bestimmung des Geschlechts nicht unwichtig. Bei den großen Arten Rosa- und Krauskopfpelikan (Pelecanus crispus) sind die langen und kräftigen Schnäbel der Männchen im Gegensatz zu den kürzeren der Weibchen relativ einfach zu erkennen. Bei den kleineren Pelikanarten sind entsprechende Messungen der Schnabellänge notwendig, um hier sicher zu sein.

»Methusalem« war am 4. Januar 1961 geschlüpft; ein gutes Jahr später, am 8. Januar 1962, schlüpfte ein zweiter Rosapelikan, der den Namen »Balthasar« erhielt und sich schließlich als Weibchen herausstellte. 1958 traf ein zweites Rosapelikanpaar im Tierpark Berlin ein, das ab 1968 brütete. Das Weibchen dieses Paares, unter dem Namen »Knicki« (auch »das Russenweib«) bekannt, gehört noch heute, 50 Jahre nach ihrer Ankunft, zum Be-

42| *Hier ist »Methusalem« schon fast 1 Jahr alt.*

43 *»Methusalem« mit einem erwachsenen Rosapelikan.*

44| Die Rosapelikane »Balthasar«, »Methusalem« und der Muttervogel mit ihren Pflegern Gerhard Graunke, Harald Gerstmann und Rolf Hempel (vlnr).

stand des Tierparks. Mittlerweile gibt es Rosapelikannachzuchten in der dritten Generation. Nach und nach kam es auch zu Zuchterfolgen bei den anderen Arten: Krauskopfpelikan, Rotel- oder Rotrückenpelikan (Pelecanus rufescens) und – seit 1992 als europäische Erstzucht – Brillenpelikan (Pelecanus conspicillatus). Außerdem gab es Schlupfe beim Meerespelikan (Pelecanus occidentalis) und zwei beim Nashornpelikan (Pelecanus erythrorhynchos).

Die Pelikane des Berliner Tierparks sind auf einem Quergraben vor dem Schloss Friedrichsfelde untergebracht, wo sie besonders gut vom Publikum beobachtet werden können. Da in den letzten Jahren verstärkt Handaufzuchten vorgenommen wurden, die auch im Erwachsenenalter wenig Scheu vor den Menschen zeigen, kommt es heute zu besonders attraktiven Begegnungen zwischen Publikum und Pelikan, verlassen doch die Pelikane gern ihre nur niedrig eingezäunte Anlage und laufen über die Blumenrabatten des Südparterres zum Brunnen vor dem Schloss Friedrichsfelde, in dem sie sich dann ausgiebig ihren Schwimmaktivitäten hingeben. Allmählich sind auch die naturaufgezogenen Pelikane ihren handaufgezogenen Artgenossen gefolgt, so dass man während der Sommerzeit im Springbrunnen vor dem Schloss mitunter bis zu 20 Pelikane beobachten kann. Den größten Teil des Brutgeschäfts erledigen die Pelikane im Winterquartier. Damit das Tierparkpublikum aber auch im Winter die Pelikane sehen kann, werden im 2002 eröffneten und von der Förderergemeinschaft von Zoo und Tierpark gesponserten Pelikanhaus die einzelnen Arten mit verschiedenen Vertretern ausgestellt.

1964 gelang im Zoologischen Garten die Zucht von Rosapelikan und Nashornpelikan. Hierüber hat Ursula Klös im »Journal für Ornithologie« und im »International Zoo Yearbook« ausführlich berichtet. Besonders interessant war die Aufzucht eines Mischlings zwischen Rotrücken- und Krauskopfpelikan. Dieser künstlich aufgezogene Vogel hörte auf den Namen »Anatol« und war jahrelang ein Schrecken der Tierpfleger. Ohne Scheu gegenüber Menschen, hatte er die üble Angewohnheit, nach den Waden der Tierpfleger zu schnappen. Da die Spitze des Pelikanoberschnabels mit einem Dorn versehen ist, um die Fische beim Fangen besser festhalten zu können, kann solch ein Schnabelbiss schon recht schmerzhaft sein.

Nach der Jahrtausendwende kam es im Zoo Berlin zu Zuchterfolgen beim Krauskopf- und auch Rotrückenpelikan auf dem so genannten Unteren Waldschänkenteich, teilweise für das Publikum in Naturaufzucht zu beobachten. Der erste Brillenpelikan wuchs 2007 heran. Im Tierpark Berlin sind inzwischen über 100 Pelikane aufgewachsen.

45| »Shanti« bei ihrer Ankunft 1951 im Zebrahaus des Berliner Zoos.

»Shanti«, »Kosko«, »Iyoti« und »Pang Pha« – Elefantenkinder als Staatsgeschenk

Elefanten sind die Zootiere par excellence. Sie gehören in den Bestand eines jeden großen Zoologischen Gartens und werden vom Besucher einfach erwartet. Und so ist es nur zu verständlich, dass schon die aufstrebenden Zoos des 19. Jahrhunderts große Mühe daran setzten, Rüsseltiere in ihren Bestand zu holen. Im Berliner Zoo traf vor 151 Jahren mit »Boy« der erste Indische Elefant (Elephas maximus) und damit der erste Vertreter dieser Säugetierordnung ein. Später kamen auch Vertreter der afrikanischen Art in den Zoo, und nach erster Unterbringung in kleineren Häusern wurde 1873 die prächtige Elefantenpagode, einer der bedeutendsten Stilbauten der Zoohistorie im Berliner Zoo, eröffnet. Obwohl nach Urteil des späteren Zoodirektors Geheimrat Prof. Ludwig Heck zwar künstlerisch wertvoll, aber in vieler Hinsicht unpraktisch für die Tierpfleger, ist das Gebäude neben dem nur wenig zuvor eröffneten Antilopenhaus der markanteste Stilbau des Berliner Zoos gewesen. Viele ältere Berliner erinnern sich noch heute an den Prachtbau, der im November 1943 von Bomben schwer beschädigt wurde und unter den herabstürzenden Trümmern sieben Elefanten begrub. Der im Eckstall untergebrachte Indische Elefantenbulle »Siam«, der 1933 vom Zirkus Krone in den Zoo Berlin gelangt war, überlebte das Inferno und war eines der 91 Tiere – so wie »Knautschke« –, die den Krieg lebend überstanden. Und so konnten die Berliner, als der Zoo im Sommer 1945 wieder eröffnet wurde, auch schon einen Elefanten sehen. Leider währte das nicht lange, denn »Siam« starb im März 1947, er erlag einer Darmentzündung.

Was war zu tun? Ein Zoo ohne Elefanten, selbst in der schlechten Zeit, das war kaum vorstellbar. Doch auch in den anderen deutschen Zoos sah es nicht gut aus. Die wenigen verbliebenen Elefanten waren die Schmuckstücke der Tiersammlung und wurden natürlich nicht abgegeben. Der Tierhandel lag noch weitgehend danieder, so dass es kaum möglich war, etwa aus Indien oder gar aus Afrika einen Elefanten zu erwerben. Da hatte der unvergessene Radiosender RIAS die Idee, die Berliner Kinder aufzurufen, sie sollten Briefe an den indischen Ministerpräsidenten schreiben und um einen Elefanten für den Berliner Zoo bitten. Die Idee wurde von Frau Heinroth unterstützt, und tatsächlich erhielt der Zoo als Geschenk von Pandit Nehru 1951 die kleine »Shanti« geschenkt, ein dreijähriges Elefantenkind. Vier Jahre nach dem Tod von »Siam« war nun wieder ein Elefant zu bewundern, eine große Attraktion nicht nur für die Kinder Berlins. Aber wo sollte der kleine Elefant hin? Bis zur Fertigstellung des neuen Elefantenhauses 1955 würde noch einige Zeit vergehen. Da »Shanti« recht klein war, wurde als Unterbringung ein Stall im Zebrahaus ausgewählt. 1909 bis 1910 als Arabisches Pferdehaus gebaut, war hier 1931 die erste Freianlage entstanden, vor dem Krieg für Grevyzebras und nach dem Krieg für Böhmzebras genutzt, schließlich in den fünfziger Jahren für »Shanti«. 1972 wurden die Zebraanlagen noch einmal vergrößert und 2008 zu einer großen Anlage vereint. Bis zum Bau der großen Anlage 1972 war das Haus, zumindest in der Winterzeit, für den Besucher zugänglich. Eine kleine Besucherhalle gab den Blick frei in vier Zebraställe, die jeweils mit anderen Arten bzw. Unterarten besetzt waren.

Da Elefanten Herdentiere sind und »Shanti« noch allein war, wurden ihr verschiedene Kumpane zugesellt, einmal ein Esel, ein andermal ein Lama. »Shanti« entwickelte sich prächtig und behielt Zeit ihres Lebens ein außerordentlich freundliches Gemüt, das sie auch all ihren Pflegern gegenüber zeigte. Elefantenpfleger Albrecht betreute »Shanti« als Jungtier. Um dem kleinen Elefanten einen größeren Bewegungsspielraum zu bieten als auf der Zebraanlage, ging Albrecht in den Morgenstunden mit »Shanti« durch den Park spazieren. Diese Morgenspaziergänge waren eine Bereicherung, nicht nur in »Shantis« Umwelt, sondern auch für die anderen Zootiere in der noch besucherlosen Morgenzeit. Auch das Elefantenreiten, das schon im 19. Jahrhundert im Zoo Berlin und anderen Tiergärten praktiziert wurde, konnte mit »Shanti« wieder eingeführt werden. So mancher heutige Senior wird sich noch erinnern, dass er als Kind auf dem Rücken von »Shanti« durch den Berliner Zoo geritten ist.

46| *Auf dem morgendlichen Spaziergang durch den Berliner Zoo füttern freundliche Besucher die Elefantendame vor den Außenkäfigen des Affenpalmhauses.*

Beim Indischen Elefanten haben die Kühe meist keine sichtbaren Stoßzähne. »Shanti« war eine Ausnahme, sie trug beidseitig kurze, sichtbare Stoßzähne, bis einer abbrach, der linke war bis zu ihrem Lebensende deutlich zu erkennen. 1955 zog »Shanti« ins Elefantenhaus um. Anfang des Jahres waren bereits zwei Afrikanische Elefanten (Loxodonta africana), »Salim« und »Mondula«, eingetroffen, die Frau Heinroth bei der Firma Hagenbeck gekauft hatte. Inzwischen lief der Tierhandel schon wieder reibungslos. 1957 kamen zwei weitere Indische Elefantenkühe, »Laksmi« und »Mampe«, in den Zoo, 1958 die

47| *»Shanti« war ein duldsamer Elefant, mit ihr wurde auch Kinderreiten veranstaltet.*

48| *Beim morgendlichen Zoorundgang mit Pfleger Albrecht vor den Trampeltieren (hier die Kamele »Moritz« und »Sabine«) auf einer Freianlage des halb zerstörten Straußenhauses.*

49 *Mit »Shanti« konnte man auch auf die Straße gehen. Hier begrüßt sie Fahrgäste in der Berliner Straßenbahn. Rechts Tierpfleger Albrecht.*

50| *Geld wurde im Zoo schon immer gebraucht. »Shanti« hilft im September 1953 beim Sammeln.*

51 | *Auf der Freianlage des Zebrahauses. Wie man sehen kann, hatte »Shanti« am Montag frei.*

»Shanti«, »Kosko«, »Iyoti« und »Pang Pha«

52| Shanti mit Kindern im Juli 1953 am Pinguinbecken (li.).

53| Ausritt auf »Shanti« vor der Ruine der Kaiser-Wilhelm-Gedächtniskirche.

Südwestafrikanische Elefantenkuh »Jambo« und 1959 die alte Ceylonesische Elefantenkuh »Jenny« aus dem Zirkus Williams. »Shanti« erlebte noch mehrere Wechsel in der Struktur der Elefantenherde. Ihr relativ hoher Rang als älteste Elefantenkuh (nach dem Tod von »Jenny«) wurde erst mit dem Eintreffen von »Tanja« ins Wanken gebracht. 1974 kam diese Asiatische Elefantenkuh aus dem Zirkus Krone in den Berliner Zoo. Schon im Zirkus hatte sich »Tanja« durch eine gewisse Unzuverlässigkeit ausgezeichnet, in die Herde der Berliner Elefanten brachte sie Unruhe. Im Zuge von solchen Auseinandersetzungen zog sich »Shanti« einen Beckenbruch zu; sie starb am 29. Juni 1974 an einer Blutvergiftung.

1955 war im Ostteil unserer Stadt der Tierpark Berlin eröffnet worden, in dem schon 1955 zwei Asiatische Elefanten, »Dombo« und »Bambi«, und ein Bulle der afrikanischen Art, »Hannibal«, zu sehen waren. Vorerst lebten sie im ehemaligen Kuhstall der Familie von Treskow, die bis 1945 Schloss Friedrichsfelde und den Schlosspark bewohnt hatten. 1958 organisierte der Tierpark Berlin einen großen Tiertransport aus Vietnam. Geleitet wurde diese Aktion von Zooinspektor Wolfgang Fischer, der vor allem für seine ornithologischen Arbeiten bekannt werden sollte. Unter anderem brachte Fischer die ersten Vietnamesischen Hängebauchschweine nach Europa, die durch ihre große Vermehrungsfreudigkeit von Friedrichsfelde aus die halbe Welt besiedeln sollten. Wenn diese kleinen kurzschnäuzigen und hängebäuchigen Schweine auch bis heute große Publikumslieblinge geblieben sind, so war doch das wichtigste Tier des Transportes die zweijährige Elefantendame »Kosko«. »Kosko«, ein Geschenk des vietnamesischen Staatspräsidenten Ho Chi Minh an den Tierpark Berlin und die Berliner Kinder, wurde ein Liebling der Berliner, schon deswegen, weil sie in der Herde der heranwachsenden Elefanten die Kleinste und Jüngste war. Solange es von der Größe der Tiere noch möglich war, wurde mit ihnen ähnlich wie mit »Shanti« im Zoo ein Morgenspaziergang unternommen, der nicht nur zum schnellen Abreißen von Blattwerk am Wegesrand diente, sondern vor allem, um die Tiere zu bewegen

54 »Shanti« im Inneren des Affenpalmhauses im März 1952, im Hintergrund Schimpansin »Suse«.

55| »Shanti« vor Publikum während Dressurübungen auf der Freianlage des Zebrahauses.

und ihnen auch in der Sommerzeit die nötige Badefreude zu bieten. Diese wurden vor allen Dingen im Graben der Wisente absolviert, hier konnten »Dombo«, »Bambi« und »Kosko« ausgiebig planschen und baden. Ähnlich wie »Shanti« im Berliner Zoo, war auch »Kosko« ein ausgeglichener, man kann schon sagen »lieber« Elefant. Die Ankunft »Koskos« 1958 war übrigens im Jahr zuvor von Ho Chi Minh selbst avisiert worden. Am 3. September 1957 hatte der vietnamesische Staatschef den Tierpark Berlin besucht und war von Tierparkdirektor Prof. Dathe durch den Park geleitet worden.

Die gesamte Unterhaltung wurde in Französisch geführt, eine Sprache, die Gast und Gastgeber beide beherrschten. Wie häufig bei diesen Staatsbesuchen, dauerte der Ablauf viel länger, als offizielle Vertreter das sich immer so gedacht hatten. Und so zog Ho Chi Minh Prof. Dathe in ein längeres Gespräch, in dem er das Elefantengeschenk ankündigte. Über diesen Besuch ist in der Rubrik »Prominente Besucher im Tierpark Berlin« in der Tierparkzeitung »Milu« 1969 von Prof. Dathe berichtet worden. Auch »Kosko« sollte ähnlich wie »Shanti« noch eine ganze Reihe von Elefantenkumpanen erleben, und es war ihr auch noch vergönnt, in das neue Elefantenhaus umzuziehen, das 1989, nur wenige Wochen vor dem Fall der Mauer, eröffnet werden konnte. Fünf Jahre später starb »Kosko« im Alter von 38 Jahren an Kreislaufversagen, das sich während einer Narkose einstellte. Bei Gruppenauseinandersetzungen pflegen Elefanten nicht immer sehr freundlich miteinander umzugehen, eine beliebte Unart ist das Beißen in die Schwänze des Kontrahenten. Dabei kommt es oft zu Quetschungen, die dann entstehenden Wunden vereitern häufig. In solchen Fällen, und so war es auch bei »Kosko«, ist eine Teilamputation unumgänglich, und dafür war die Narkose unerlässlich.

56| *Indische Elefantenkuh »Iyoti« – Geschenk von Indira Ghandi an den Berliner Zoo. Die Übergabe erfolgte durch Generalkonsul V. C. Khanna, (links) Reviertierpfleger Günter Gonz, (rechts) Prof. Heinz-Georg Klös.*

Als eine Nachfolgerin ihres Vaters als indische Ministerpräsidentin schenkte Indira Gandhi 1976 dem Zoo Berlin und den Berliner Kindern einen neuen Elefanten. Es war der am 19. Januar 1974 im Mysore Zoo in Indien geborene »Iyoti«, ein von Anfang an kräftig gebauter Elefant, der sich bis heute als sehr freundliches Tier auszeichnet.

57| *»Kosko« – Staatsgeschenk von Ho-Chi-Minh an die kleinen Tierparkbesucher.*

Mit inzwischen 34 Jahren ist »Iyoti« eine stattliche Elefantendame geworden, ihr pummeliger Körperbau ist ihr bis heute geblieben. Ein ungewöhnliches Beispiel für die Tiermedizin hat »Iyoti« abgegeben, als sie sich 1977 beim Grabensturz in der Freianlage den rechten Oberarm brach und die Operation inklusive der Nagelung der Knochen hervorragend gelang. Normalerweise sind Extremitäten-Brüche für Elefanten das Todesurteil. Als »Iyoti« in das Alter kam, in dem sie Interesse an Elefanten-Männchen haben könnte, schickte der Zoo sie zweimal auf Hochzeitsreise, da zu dieser Zeit kein eigener Elefantenbulle im Bestand war. 1985/86 reiste sie in den Zoo Rotterdam und 1994/96 in den Zoo Hannover, jedoch hat keine dieser beiden Hochzeitsreisen gefruchtet – obwohl in beiden Zoos zuchterprobte Zuchtbullen standen, in Rotterdam »Ramon«, geboren im Zoo Hannover, und in Hannover »Siporex«, geboren im dänischen Zoo Aalborg.

Und ein viertes Mal durften wir in Berlin nach dem Zweiten Weltkrieg einen Elefanten als Staatsgeschenk erhalten. Aus Anlass der 750-Jahr-Feier 1987 kam die erst sechs Monate alte »Pang Pha« aus Thailand nach Berlin. »Pang Pha« war von Anfang an der Liebling der Berliner, das Elefantenbaby wurde meist von der Tante »Iyoti« betreut und war in der Herde der Elefantendamen ein besonderer Blickfang. Mehrere Jahre konnte Elefantenpfleger Rüdiger Pankow mit »Pang Pha« durch den Zoo gehen. »Pang Pha« begrüßte besondere Gäste am Eingang Elefantentor, in den ersten Jahren noch in Begleitung von »Iyoti«.

In den späten achtziger Jahren fand ein besonderes Ereignis mit »Iyoti« und Pang Pha« im Besuchergelände des Zoos statt. Nach Eröffnung des Erweiterungsgeländes gab es eine neue Sichtachse im Zoologischen Garten, an deren Ende die Siegessäule mit dem Siegesengel zu sehen ist. Zoodirektor Prof. Klös wünschte sich nun ein Foto, auf dem »Iyoti« und »Pang Pha« mit dem Elefantenpfleger zu sehen sind und im Hintergrund die Siegessäule. Dafür mussten die beiden Elefanten morgens vor Eröffnung des Zoos, wenn noch kein Besucher da ist, zur Lichtenstein-Brücke am Erweiterungsgelände geführt werden. Es wurde mehrmals geprobt, eine gewisse Aufregung war bei »Iyoti« schon zu erkennen, während »Pang Pha« ganz ruhig erschien. Am Tag, als das Foto gemacht werden sollte und beide Elefanten schon auf der Brücke postiert waren, wurde »Iyoti« erschreckt, vermutlich durch einen Fahrzeugmotor, der in der Nähe knatterte, riss sich vom Pfleger los und stürmte in das Erweiterungsgelände. »Pang Pha« wollte hinterher, konnte aber aufgehalten werden. »Iyoti« umrundete das gesamte Erweiterungsgelände, blieb aber dabei stets auf dem Besucherweg und beschädigte auch keine Pflanze; über die Brücke lief sie dann in das alte Gelände des Zoos zurück. Die Elefantenpfleger fanden sie schließlich vor der Kette zur Rampe am Elefantenhaus, wo sie friedlich wartete. Sie hatte ihren Weg zurück gefunden. Obwohl nichts passiert war, hatten wir doch alle einen gehörigen Schreck bekommen, und auch Prof. Klös ließ von seinem Ansinnen ab, ein solches Foto unbedingt haben zu wollen.

Im Jahr 2000 und 2005 hat »Pang Pha« Kälber geboren. Ihr erstes Kalb »Plai Kiri« hat sie nicht angenommen, die Handaufzucht des kleinen Bullen gelang gut. Er erlag im Alter von acht Monaten ganz plötzlich einer Herpesinfektion. 2005 kam das Kuhkalb »Shaina Pali« zur Welt, das sie ohne Probleme aufzieht und die sich jetzt im Alter von 3 Jahren und einem Gewicht von 1,6 t in der Elefantenherde des Berliner Zoos präsentiert.

58| Der thailändische König schenkte 1988 den Berliner Kindern die kleine Elefantenkuh »Pang Pha«.

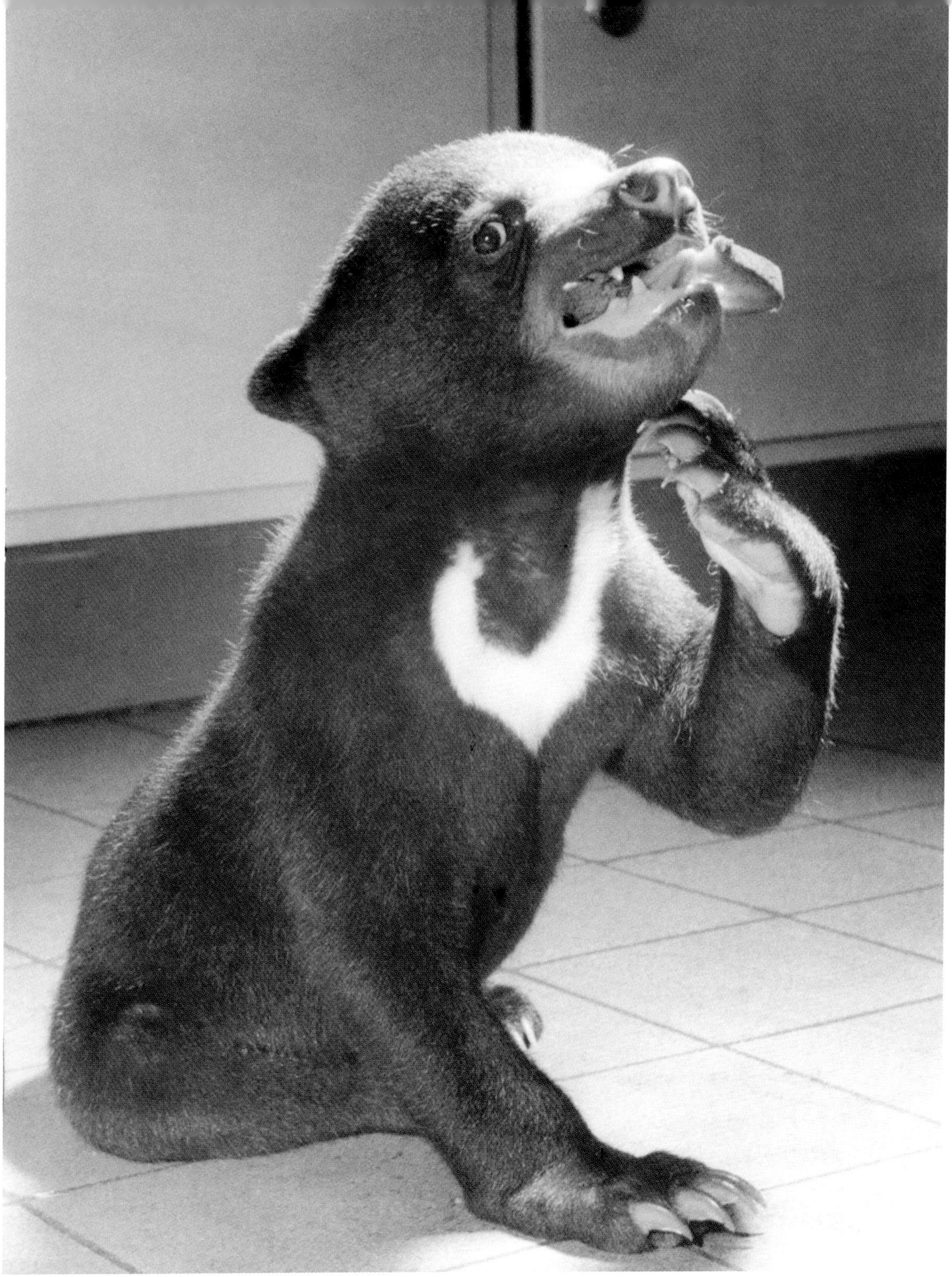

59| *Wenn man 3 ½ Monate ist, dann schmeckt auch schon ein Kanten Brot.*

»Evi« und andere Malayenbären

Die kleinste der sieben Großbärenarten ist der Malayen- oder Sonnenbär (Helarctos malayanus), der in Hinterindien und Indonesien zu Hause ist. Seine schwarze Grundfärbung und seine hellgelben Abzeichen an der Kehle sind auffälliges Merkmal, ebenso die langen, sichelförmig gebogenen Krallen, vor allem an den Händen. Sie sind den Bären beim Klettern nützlich, sind doch Malayenbären die geschicktesten Kletterer unter den Großbären. Auch wenn sie zu den so genannten Tropenbären gehören, sind sie nicht viel empfindlicher als andere Bären. Allerdings benötigen sie an starken Frosttagen natürlich eine geheizte Unterkunft. In Berlin gab es den ersten Malayenbär 1862 zu besichtigen. Und auch später war diese Großbärenart immer wieder im Zoo Berlin zu sehen.

Der Tierpark Berlin erhielt 1956, schon ein Jahr nach seiner Gründung, die ersten Malayenbären. Das Männchen »Oskar« und die weiblichen Tiere »Tschita« und »Bonzo« wurden in einem so genannten Raubtierwagen untergebracht. Bis das Alfred-Brehm-Haus 1963 seine Pforten öffnete, lebten die Großkatzen, aber auch tropische Bären in solchen Käfigwagen, die mit Besucherabteil versehen waren. Ich selbst erinnere mich noch von meinem ersten Tierparkbesuch 1959 als Fünfjähriger an einen solchen Raubtierwagen. Später wurden sie dann nur noch für Bären- und Hundeartige genutzt. Und der so genannte Malayenbär-Wagen sollte bis 1993 seinen Dienst tun! Die Tiere konnten nicht dauerhaft zusammengehalten werden. Bären sind von Natur aus Einzelgänger, jedoch werden sie häufig in Zoologischen Gärten in kleinen Gruppen gezeigt, da die Tiere sich miteinander beschäftigen und so mehr Abwechslung haben. Ab und zu jedoch konnte »Oskar« zu seinen Frauen, und so kam es, allerdings für die Tierparkmannschaft überraschend, 1961 zur ersten Malayenbärgeburt in Friedrichsfelde. Zuvor hatte es nur 1939 und 1942 Geburten im dänischen Aarhus gegeben, wovon das erste Jungtier nicht aufkam und das zweite künstlich aufgezogen wurde. Auch Geburten 1957 im Zoo Helsinki und 1960 im Zoo Cleveland führten nicht zur Aufzucht. Beide Jungtiere wurden von den Alttieren gefressen.

Die Geburt des Malayenbären in Friedrichsfelde war also eine echte tiergärtnerische Sensation. Der damalige Oberassistent von Prof. Dathe, Dr. Hans-Günter Petzold, am 4. April 1961 Diensthabender, war entsprechend aufgeregt, als die Benachrichtigung über die Bärengeburt eintraf. »Tschita« hatte mitten während des Publikumbetriebs geboren, und so galt es erst einmal, die Tierparkbesucher aus dem Haus zu komplimentieren, um die nötige Ruhe für die Bärenaufzucht zu gewährleisten. Alles sah

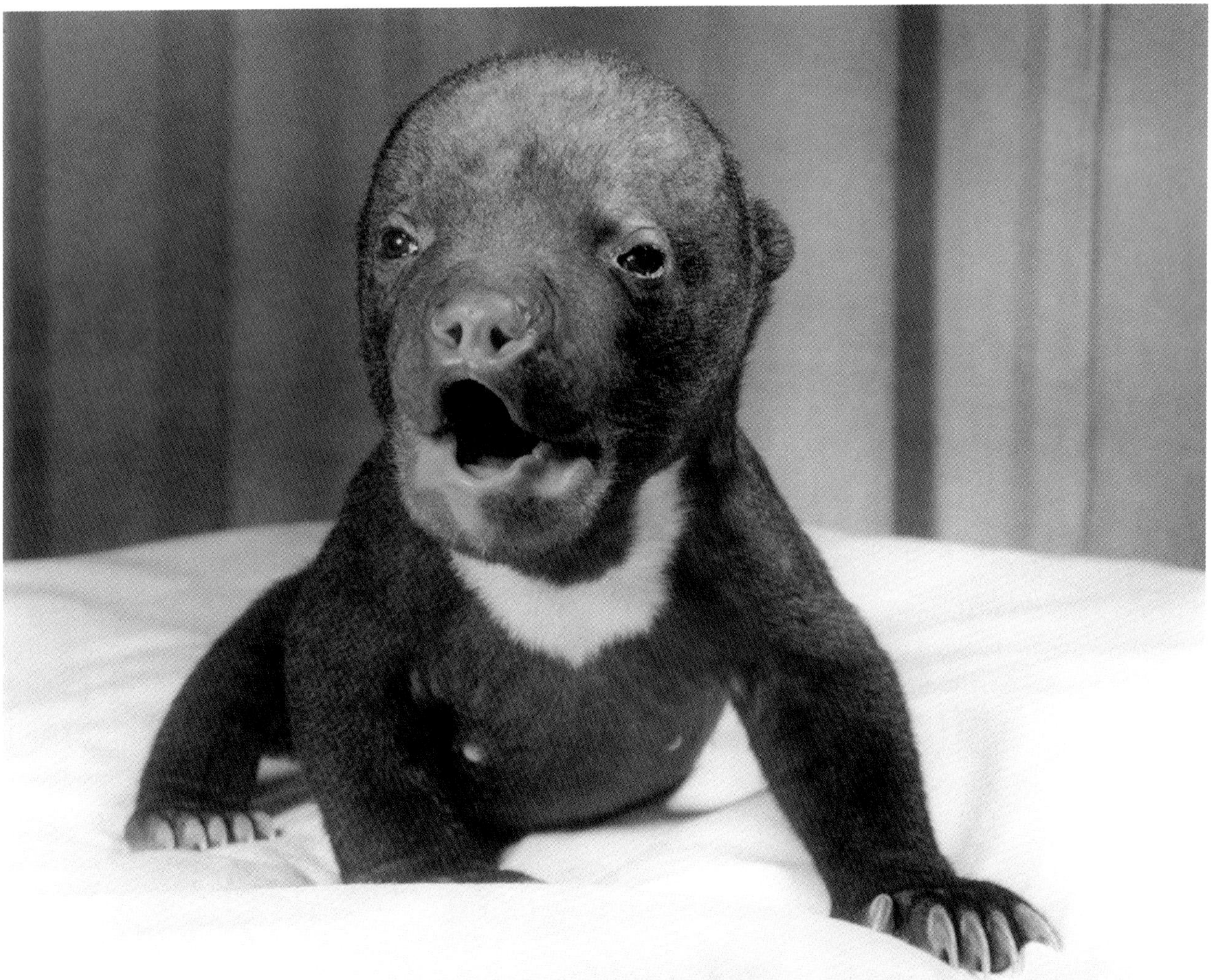

60| Die am 4. April 1961 geborene Malayenbärin »Evi« im Alter von 6 Wochen.

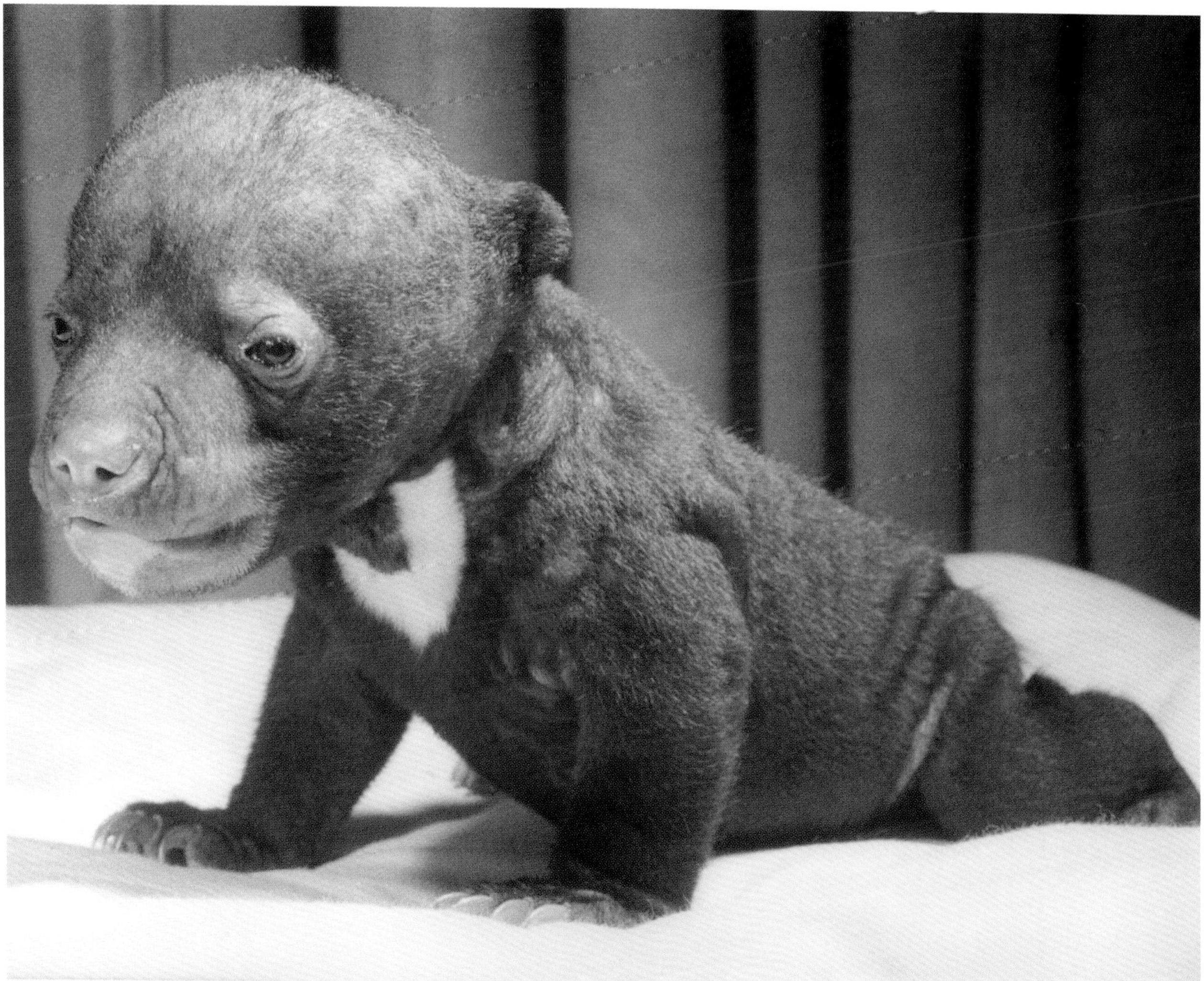

61 *Die müde »Evi« stützt sich wie ein kräftiges Baby von ihrer Unterlage auf.*

62| *Hier ist »Evi« 3 Monate alt und kann bereits an einer Kommode hochklettern.*

63| *Zaghaft schaut »Evi« vom Flur in die Küche.*

64| Auch eine Kletterpartie am Stuhl ist keine Schwierigkeit mehr.

gut aus, »Tschita« baute ihr Nest im Stroh, und der kleine Malayenbär lag an ihrer Brust und nuckelte. Nur wenige Wochen später, am Pfingstsonntag, wurde Prof. Dathe vom Telefon hochgeschreckt, als er nach überstandenem Pfingstkonzert, Festtagsmahl und Kaffeetrinken sich an seinen Schreibtisch gesetzt hatte, um zu arbeiten. »Tschita« hatte begonnen, ihr Jungtier zu vernachlässigen, es herumgeworfen, und die Pfleger waren so besorgt, dass sie es der Mutter wegnahmen. Berühmt geworden sind Prof. Dathes Worte, als der Tierpfleger fragte: »Nun schreit der Kleine. Was sollen wir machen mit ihm?«, darauf antwortete: »Na, dann bringen Sie mal den kleinen Kerl in die Wohnung.« Zusammen mit seiner Frau Elisabeth wurde Prof. Dathe vor vollendete Tatsachen gestellt und musste den kleinen Malayenbären künstlich aufziehen. Der Malayenbär war weiblich, hatte inzwischen den Namen »Evi« erhalten und war bei der Abnahme 48 Tage alt und noch relativ dünn behaart.

In den nächsten Wochen sollte sich im Haushalt Dathe alles nur um das Wohl und Wehe der kleinen Bärin drehen, deren Aufzucht den gesamten Familienverband Dathe beanspruchte, jedoch lag ohne Frage die Hauptbelastung bei Elisabeth Dathe. Die Monate mit Malayenbärin »Evi« hat Prof. Dathe in seinem Buch »Bäreneltern wider Willen« beschrieben. In ihm kann jedermann nachlesen, dass man hart im Nehmen sein muss, wenn man mit einem jungen Bären zusammenlebt. Daneben konnte aber in der Aufzucht von »Evi« auch wissenschaftliches Material gewonnen werden, da viele Aufzuchtdaten nun erstmalig festgehalten werden konnten, wie Gewichtsentwicklung, Zahnentwicklung usw. Und auch die weitere Malayenbärzucht des Tierparks Berlin hat geholfen, viele Lücken in der Kenntnis um den Malayenbären zu füllen, was sich in entsprechenden Veröffentlichungen in internationalen und nationalen Fachzeitschriften niederschlug.

Durch die frühe Trennung von ihrem Jungtier kam »Tschita« wieder mit »Oskar« zusammen und gebar schon am 30. August 1961 ein weiteres Jungtier, das Männchen »Adam«, das sie ebenso aufzog wie die fünf Weibchen, die sie zwischen 1964 und 1970 zur Welt brachte. »Tschita« selbst starb 1971 an einem Schilddrüsentrauma nach einer Haltung von 15 Jahren. Auch »Bonzo« züchtete ab 1964. »Evi« selbst hatte am 16. Januar bzw. 19. Mai 1969 ihre beiden einzigen Geburten, zwei weibliche Jungtiere, von denen sie jedoch keines aufzog. Vater ihres ersten Jungtieres war der eigene Vater »Oskar«, Vater des zweiten ihr Bruder »Adam«. 1969 traf der junge Malayenbär »Krishnan« ein, der ab 1974 mit verschiedenen Weibchen züchtete. Sein bevorzugtes Weibchen war die 1967 von »Tschita« geborene »Idi«, mit der er am Weihnachtstag 1988 das weibliche Jungtier »Tina« hatte, die seit 1992 das Zuchtweibchen der Friedrichsfelder Malayenbären ist. Dieses Jungtier war der erste in 3. Generation im Tierpark geborene Malayenbär. Leider stellte sich bei »Tina« bei den darauf folgenden Geburten immer wieder ein Überpflegetrieb heraus, der dazu führte, dass sie den Jungtieren die Haare ausriss, was letztlich zur Verletzung führte. Wir mussten ihr immer im Alter von 6 bis 8 Wochen die Jungtiere zur Handaufzucht abnehmen. Erst bei ihrer Nachzucht 2008 konnte erstmals wieder eine vollständige Aufzucht durch die Mutter erfolgen.

»Evi« blieb immer ein Liebling der Berliner, vor allem, nachdem die Malayenbären 1993 in die ehemalige Menschenaffenunterkunft des Tierparks umziehen konnten und wieder für das Publikum zu sehen waren. Denn die Besichtigung der so genannten Käfigwagen war lange Jahre zuvor schon eingestellt worden. Im Jahr darauf bekamen die Malayenbären endlich einen Außenkäfig, und auch hier hatte man den Eindruck, die inzwischen betagte »Evi« sei wieder jung geworden, beteiligte sie sich doch am Graben im Naturboden und am Klettern an den Käfiggittern. Am 2. März 1997 starb »Evi« im Alter von 35 Jahren und 11 Monaten. Sie war zu dem Zeitpunkt der älteste Malayenbär in einem Zoologischen Garten der Welt. Der Sektionsbefund ergab eine altersbedingte Herzdilatation.

Auch im Zoo Berlin gab es einen berühmten Malayenbären. 1955 reiste Frau Heinroth nach Borneo, da der deutsche Arzt Dr. Künzel dem Berliner Zoo zwei junge Orang-Utans angeboten hatte. Allerdings mussten sie ab-

65 »Evi« und ihr 16 Monate jüngerer Bruder »Adam« (li.), 1962.

66 »Evi« im Alter von 33 Jahren.

geholt werden. Es waren die beiden berühmten Orang-Utan-Männer »Bubi« und »Nakal«, die lange Jahre im Berliner Zoo lebten und für Nachzucht sorgten. Allerdings brachte Frau Heinroth noch andere Tiere aus Indonesien nach Berlin: Fruchttauben, einen Palmenroller und eben auch einen Malayenbären. Sie hatte den Malayenbärjungen an eine Pfahlhütte angebunden vorgefunden und dem Besitzer abgekauft.

So kam »Tambi«, wie der Malayenbär genannt wurde, nach Berlin, wo er über 25 Jahre lebte. Bei seiner Ankunft gab es zwei Bärenunterkünfte im Berliner Zoo, die historische Bärenburg von 1870 und den Braunbärfelsen von 1937. Auf beiden war für »Tambi« kein Platz, so dass er in das nur notdürftig wieder aufgebaute große Raubtierhaus zog, auf die so genannte Leopardenseite. »Tambi« hatte viele Freunde unter den Zoobesuchern. Und als »Tambi« 1969 nach Errichtung des neuen Bärenfelsens nach dorthin umzog, zogen auch seine Freunde mit. Aus meiner Tierpflegerzeit ist mir noch die so genannte »Tambi-Tante« ein Begriff, die immer wieder mit Zuckerschnecken und anderen Leckereien für »Tambi« zu unseren Bärenpflegern kam.

Züchterisch hat sich »Tambi« nie betätigt. Eine junge Malayenbärgruppe, die zur Eröffnung der neuen Anlage angeschafft worden war, hat dann schließlich auch gezüchtet, letztmalig 2006 mit dem kleinen »Ernst«, der zwar nicht so populär wie »Knut« wurde, aber noch heute die Berliner erfreut.

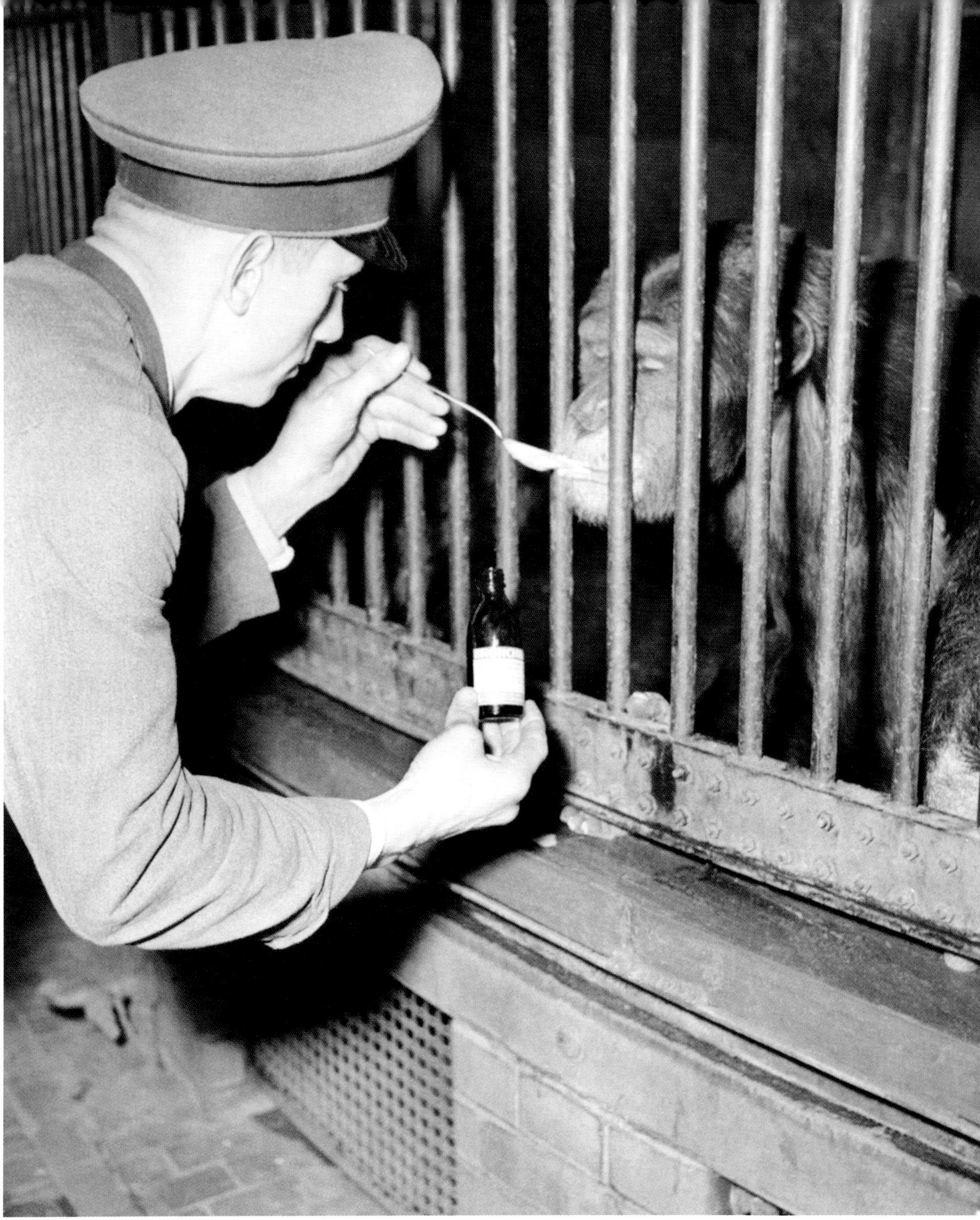

67| »Jonny« muss Medizin einnehmen.

Schimpanse »Jonny« – eine Menschenaffen-Persönlichkeit

Von den vier Menschenaffenarten stehen uns Schimpanse (Pan troglodytes) und Zwergschimpanse oder Bonobo (Pan paniscus) am nächsten. Während der Bonobo seit seiner Erstbeschreibung 1929 bis heute ein seltener Gast in Zoologischen Gärten ist, wurde der Schimpanse schon im 19. Jahrhundert in den Tiergärten gehalten. In Berlin kam 1870 der erste Schimpanse in das alte Aquarium Unter den Linden/Ecke Schadowstraße. Das zwei Jahre alte Weibchen hieß »Molly« und lebte etwa 20 Monate, wie der Berliner Zoologe Harro Strehlow berichtet. »Molly« war der erste Menschenaffe in Berlin. Wenig später gelangten dann die ersten Schimpansen in den Zoo; sie lebten jedoch nur kurze Zeit. 1878 kam der Schimpanse »August« in das alte Berliner Aquarium. In den achtziger Jahren des 19. Jahrhunderts waren noch mehrfach Schimpansen im Aquarium zu sehen. Der berühmte Gorilla »Bobby« hatte anfänglich einen Schimpansen als Spielgefährten.

Zu den 91 Tieren, die den Zweiten Weltkrieg überlebten, gehörte die Schimpansendame »Suse«. Sie war 1936 als Einjährige in Kamerun gefangen worden und in den Zoo Berlin gekommen. Wie Frau Heinroth in ihren Lebenserinnerungen berichtet, gedieh »Suse« prächtig und wurde zu einer besonders großen Schimpansenfrau. Sie hatte überlebt, weil sie beim Luftangriff in ihre Schlafkiste geflüchtet war. Der damalige Menschenaffenpfleger August Liebetreu hatte »Suse« verschiedene Kunststücke beigebracht wie Roller fahren oder auf dem Seil balancieren; auch wenn wir heute solche Zirkuskunststücke bei Zootieren nicht mehr so gern sehen, halfen sie zweifellos, den Alltag von »Suse« zu bereichern, da ihr ja vorerst die Artgenossen fehlten. »Suse« lebte im Affenpalmenhaus von 1928, von dem eine Hälfte den Krieg überstanden hatte. Frau Heinroth suchte nach einem Partner für »Suse«, was zunächst an der deutschen Währung scheiterte, die nach Kriegsende noch keine sonderliche Kaufkraft hatte. 1951 meldete sich der Tierhändler Fockelmann telefonisch bei der Berliner Zoodirektorin und bot ihr einen acht- bis neunjährigen Schimpansenmann an, der in Sierra Leone gefangen worden war. Man wurde sich handelseinig, und schon kurz darauf traf der Schimpansenmann »Jonny«, per Luftfracht aus Kopenhagen kommend, in Berlin ein. »Jonny« war als Jungschimpanse gefangen worden und bei Menschen aufgewachsen. Er tobte in seiner Kiste, zusätzlich trug er eine Kette um den Hals, die man ihm wohl wegen seiner Gefährlichkeit, die mit dem Alter zunahm, umgelegt hatte. Es gelang Frau Heinroth und Affenpfleger Kurt Walter, die Kette zu entfernen, nach und nach wurde »Jonny« ruhiger. »Suse« und »Jonny« wurden aneinander gewöhnt, und als »Suse«

»Jonny«

68| »Suse« und »Sam« – hier kann der Kleine schon am Gitter hochklettern. (li.)

69| »Suse« mit ihrem Sohn »Sam«.

Brunftschwellungen zeigte, wurde das trennende Schmusegitter aufgezogen. »Jonny« tat schon bald seine Pflicht, und am 29. Juni 1952 kam der erste im Berliner Zoo gezeugte Schimpanse zur Welt. Es war ein Männchen, dem der Name »Sam« gegeben wurde. Um »Suses« Milchfluss zu befördern, erhielt sie ihr Lieblingsgetränk, Malzbier.

Die Aufzucht des ersten Berliner Schimpansen hat Frau Heinroth wissenschaftlich ausgewertet und in der »Zeitschrift für Tierpsychologie« 1965 beschrieben. 3 ½ Jahre nach »Sams« Geburt starb »Suse«. Eine erkennbare Gelbsucht wies auf ein Leberleiden hin. Posthum wurde ein großer Gallenstein festgestellt. Für die Schimpansenmänner »Jonny« und »Sam« hat Zoodirektor Prof. Klös die beiden jungen Weibchen »Nina« und »Molly« angeschafft. »Nina« lebte mit »Sam« zusammen und »Molly« mit »Jonny«, der noch dreimal seine Zeugungsfähigkeit unter Beweis stellte. 1963 brachte »Molly« die Schimpansenmädchen »Musawa« und 1966 »Douala« zur Welt; 1971 gab es männlichen Nachwuchs, der den Namen »Masoko« erhielt. Alle drei Jungtiere wurden künstlich aufgezogen. Sie wuchsen im Haushalt von Reviertierpfleger Kurt Walter heran, aufs Trefflichste betreut von Walters Frau Mary. Ehepaar Walter hat sich bleibende Verdienste durch die Aufzucht vieler junger Menschenaffen erworben.

»Jonny«, dessen Geburtsjahr mit 1943 angesetzt wurde, lebte in den letzten Jahren allein. Er hat noch den Umbau des Menschenaffenhauses mit den Freianlagen erlebt und konnte so erstmals nach seiner Afrikazeit Grasboden unter den Füßen fühlen. Er starb am 5. Oktober 1989 im gesegneten Schimpansenalter von 45 Jahren. Sein Sohn »Sam« starb am 27. März 2001 kurz vor der Vollendung des 49. Lebensjahres an einem Hirnschlag. »Jonnys« zweiter Sohn »Masoko« wurde 1997 an den Zoo Taschkent verschenkt.

Zwischenzeitlich war eine neue Schimpansengruppe aufgebaut worden mit Tieren aus holländischen und deutschen Zoos. »Karel«, »Pedro«, »Gusta« und »Lilly« sind 1979 bis 1981 geboren. In dieser Gruppe gab es dreimal Nachwuchs. Am 15. Januar 1987 brachte »Gusta« ein männliches Jungtier zur Welt, das sie jedoch – vermutlich aus Unerfahrenheit – tötete. Am 6. März 1989 gebar sie ein weibliches Jungtier, welches handaufgezogen wurde. Die Schimpansin erhielt den Namen »Soko« und konnte später in die Gruppe integriert werden. Am 24. September 1990 brachte »Gusta« ein männliches Jungtier zur Welt, das sie aufzog. Der Junge wurde »Tambo« genannt. Leider starb er am 16. Februar 1994 an einer Pneumonie. Als Vater der Jungtiere wird »Pedro« angegeben, ein temperamentvoller Schimpansenmann, der mehrfach auch durch spektakulären Freigang von sich reden machte.

Ich erinnere mich noch gut an eine Morgenrunde in den späten achtziger Jahren, als die Benachrichtigung kam, »Pedro« sei aushäusig. Durch einen in den Graben gehängten Wasserschlauch der Gartenabteilung, den »Pedro« als Kletterhilfe genutzt hatte, war er entwischt. Mit Zoo-Inspektor Karl-Wilhelm Ashauer war ich in Höhe des Nagetierfelsens, als »Pedro« schlendernd auf uns zukam. Ihm auf dem Fuße folgte Kurt Walter, der »Pedro« immer wieder beruhigend beim Namen rief. Walter gelang es schließlich, »Pedro« so weit zu bringen, mit ihm an der Hand den Weg zum Affenhaus zurückzulaufen. Doch durch ein Fahrzeug irritiert, riss sich »Pedro« von Walters Hand los und türmte über die Zoomauer auf die damalige Baustelle des Kugelkinos. Bauarbeiter prosteten »Pedro« mit der morgendlichen Bierflasche zu, die Gefahr, die von einem fast erwachsenen Menschenaffen ausgeht, nicht ahnend. Inzwischen war ein Zooauto durch das benachbarte Parkhaus bis zum Dach der Baustelle gelangt, und Kurt Walter gelang es erneut, »Pedro« an die Hand zu fassen. Beide stiegen ins Auto, das von Zoopolier Gerd Neitz zum Affenhaus chauffiert wurde. Folgsam marschierte »Pedro« mit seinem Pfleger durch die Besucherhalle des Menschenaffenhauses bis zu seinem Käfig, und erst als die Tür ins Schloss fiel, sackten Kurt Walter die Beine weg. Schimpansen wie »Jonny«, »Sam« und »Pedro« benötigen eben Affenpfleger von Format!

70| *»Jonny« feiert seinen 40. Geburtstag (re.).*

71| *»Musawa« – das zweite von »Jonny« gezeugte Schimpansenjungtier im Alter von 1 Jahr (1964).*

72| *»Jonny« in seinen letzten Lebensjahren. Den Umzug auf die neue Freianlage hat er noch erlebt. Unser langjähriger Pfleger Kurt Walter konnte diesen Schnappschuss machen.*

73 *Amerikanische Soldaten übergeben Mississippi-Alligator »Swampy« 1952 an Direktor Werner Schröder.*

»Swampy« und »Mao« – Berliner Alligatorengeschichten

Nachdem das alte Berliner Aquarium Unter den Linden/Ecke Schadowstraße 1911 seine Tore geschlossen hatte, begannen im Berliner Zoo die Pläne für ein eigenes Aquarienhaus. Als Ludwig Heck 1888 als junger Direktor nach Berlin kam, fand er noch die einen oder anderen Reptilien im Zoo Berlin vor, u. a. auch Kaimane und Riesenschlangen. Diese gab er konsequent an das Aquarium ab, so dass die Tiersammlung in jener Zeit nur Säugetiere und Vögel umfasste, dies jedoch in einer großen Artenfülle. Die Pläne für das an der Budapester Straße zu errichtende Aquarium stammten von Dr. Oskar Heinroth, Direktoralassistent am Zoo Berlin und Vater der Verhaltensforschung, zudem auch Lehrer von Konrad Lorenz, der später diesen Wissenschaftszweig der Biologie populär machte. Heinroth war ein ganzheitlicher Biologe, der, obwohl vom Hauptinteresse ornithologisch interessiert, ein Aquarium entwarf, das dem Zoopublikum Reptilien, Amphibien und Fische, aber auch Wirbellose als Gesamtschau des Lebens bieten wollte. Herausgekommen ist das dreistöckige Aquarium, dessen besonderes Schmuckstück im Mittelbau des 1. Stocks die Krokodilhalle wurde. Über eine Bambusbrücke schritt der Besucher zwischen den Panzerechsen einher und betrat damit das erste Gehege, durch das der Besucher hindurchgehen konnte.

1913 wurde diese heute in vielen Zoologischen Gärten übliche Form der Tierbegegnung – denken wir nur an Freiflughallen und Kinderzoowiesen – erfunden. Die Krokodilhalle spielte von Anfang an eine große Rolle im Aquarium, und auch auf den Titelblättern der Aquarienführer kam der Krokodildschungel werbend zur Wirkung. Wie die anderen großen Tierhäuser des Zoologischen Gartens wurde das Aquarium im November 1943 schwer getroffen und fast völlig zerstört. Auch die Krokodile waren den Bomben zum Opfer gefallen. Heinroth starb 1945 und hatte so den Untergang seines Lebenswerkes noch miterleben müssen.

Der aus Bochum stammende Biologe Werner Schröder, der schon seit seinen frühen Jahren Beziehungen zum Aquarium unterhielt, wurde 1945 vorerst zum kaufmännischen Direktor Frau Dr. Heinroth an die Seite gestellt. In seiner kaufmännischen Tätigkeit betrieb er den Wiederaufbau des Aquariums, dessen Direktor er 1952 wurde. Nach der Eröffnung des Aquariumteils 1952 und des Terrariums 1956 konnte der Neubau 1959 mit dem Insektarium abgeschlossen werden. Selbstverständlich kam es auch zum Wiederaufbau der Krokodilhalle, für die bald erste Tiere angeschafft werden konnten.

Ein besonderer Liebling von Werner Schröder war Zeit seines Lebens der Mississippi-Alligator (Alligator mississippiensis) »Swampy«, den amerikanische Soldaten im Februar 1952 in den Zoo brachten. Wie Werner Schröder in seinen Memoiren »Zum Abschied ein Krokodil« beschrieben hat, saß er gerade im Zoo-Restaurant bei einer Versammlung des Triton-Aquarienvereins von 1888, der traditionell seine Treffen im Zoo oder im Aquarium durchführte. Da erhielt er einen Besuch von zwei Soldaten des 6. US-Infanterieregimentes, die ihm einen in ein großes Tuch eingewickelten jungen Alligator auf den Tisch legten. »Swampy« wollte seit Tagen nicht fressen und machte einen kranken Eindruck, und die Soldaten hofften, dass Werner Schröder den kleinen Alligator wieder zum Leben erwecken könnte. Der ließ den jungen Alligator erst einmal in seine Wohnung bringen, wo er es warm hatte. Die Krokodilhalle war noch lange nicht fertig, und so blieb die Schrödersche Wohnung »Swampys« Hauptquartier. Wie Schröder schrieb, liebte es »Swampy«, unter seinem Bett nahe der Heizung zu ruhen. »Er war ein drolliger, friedlicher Hausgenosse«. Nun, wenn man

74| Im Juni 1953 fühlt sich »Swampy« bereits im Aquarium wohl.

ein Tiergärtner durch und durch ist, so lebt man gerne mit seinen Tieren. Aber Besucher der Schröderschen Wohnung wurden dann schon mal von dem lautstark brüllenden »Swampy« erschreckt. Übrigens musste sich »Swampy« die Badewanne mit Werner Schröder teilen. Wie Schröder allerdings betonte, nacheinander. Häufig wurde das Krokodil von seinen ehemaligen Soldatenkollegen besucht, die sich über die prächtige Entwicklung »Swampys« freuten, der schon längst dem Zoo Berlin als Geschenk überlassen worden war. Einige Jahre wurde er immer noch zur jährlichen Parade als Maskottchen abgeholt, allerdings ging das bald nicht mehr, wuchs doch »Swampy« zu einem stattlichen Alligator heran.

Werner Schröder stellte die große Artensammlung an Krokodilen für das Berliner Aquarium zusammen, die zeitweise bis zu 21 Formen umfasste. Übrigens gab es in der Nachkriegszeit noch einen zweiten Alligator im Zoo-Aquarium, einen China-Alligator (Alligator sinensis), der vor den Bombenangriffen in den Zoologischen Garten Leipzig evakuiert worden war, zusammen mit zwei Knochenhechten. Ende 1953 fuhren Frau Dr. Heinroth und Werner Schröder nach Leipzig, um die evakuierten Tiere zurückzuholen. Der Chinesische Alligator wurde mit »Swampy« in dasselbe Terrarium gesetzt, was anfänglich zu Kampfaktionen führte. Nach diesen Querelen haben sich die beiden Tiere aneinander gewöhnt, und nachdem die Krokodilhalle am 30. November 1956 wiedereröffnet werden konnte, zog auch »Swampy«, inzwischen 2,25 m lang, in die große Halle.

Aber auch im Tierpark Berlin gab es eine interessante Alligator-Geschichte. 1957 trafen aus dem Zoo Peking zwei junge China-Alligatoren im Tierpark Berlin ein, freudig begrüßt von Prof. Dathe und dem Reptilienkurator und wissenschaftlichen Oberassistenten Dr. Hans-Günter Petzold. Die Alligatoren zogen in die 1956 errichtete Schlangenfarm, deren Hauptteil im Mittelbau Krokodilbecken präsentierte. Die auf beiden Seiten vorhandenen schrägen Glasscheiben, die zur Reinigung geöffnet werden mussten, waren gleichzeitig der Einsichtsbereich für das Publikum. Die lange Reihe der Krokodilbecken ver-

75 | 1956 ist »Swampy« inzwischen zu einem stattlichen Alligator herangewachsen.

mittelt so ein bisschen den Eindruck von hintereinander liegenden Glasvitrinen, die im Tierparkjargon dann auch »Schneewittchensärge« genannt wurden. Auch wenn die Raumbemessung in diesem Terrarium nicht sehr großzügig war, kam es hier zu ersten Zuchtansätzen bei Brillenkaimanen und Stumpfkrokodilen.

1987 konnte das neue Krokodilhaus im Tierpark Berlin fertig gestellt werden, in dem mehrere Krokodillandschaften die Heimstatt für verschiedene Arten bildeten. Nachdem der weibliche China-Alligator in den neunziger Jahren verstarb, ist das Männchen, das traditionell den Namen »Mao« erhielt, noch heute Schaustück unserer Krokodilausstellung. Er lebt seit 51 Jahren im Tierpark Berlin und war – wie aufgrund der Länge zu vermuten war – bei Ankunft mindestens 2 Jahre alt,. »Mao« ist der älteste Tierparkbewohner und eines der ältesten europäischen Zookrokodile überhaupt.

Inzwischen ist die Krokodilzucht in beiden Berliner Tiergärten gelungen. 1976 schlüpfte erstmals ein Nilkrokodil (Crocodylus niloticus) im Berliner Zoo-Aquarium, ein wahrhaft tolles Abschiedsgeschenk für Werner Schröders aktive Tiergärtnerzeit. Im Berliner Tierpark sollte es bis 2006 dauern, ehe das Stumpfkrokodil (Oesteolaemus tetraspis) »Iggy« aus dem Ei schlüpfte.

76 *Bei Ankunft der China-Alligatoren »Mao« und seines Weibchens sind die Berliner Tiergärtner ganz begeistert. In der Mitte (mit Hut) Prof. Dr. Heinrich Dathe, eingerahmt von seinen Assistenten Dr. Wolfgang Grummt (li.) und Dr. Hans-Günter Petzold (re.), ganz links Werner Krause, Leiter der Schlangenfarm.*

77| *Nicht nur gewogen, sondern auch vermessen werden »Mao« und seine Frau.*

78 *Hier ist »Mao« schon 22 Jahre im Tierpark Berlin.*

79| *Auf diesem Bild zählt »Mao« bereits 40 Jahre.*

80| »Chi-Chi« lässt sich auf seinem Kletterbaum den Bambus schmecken.

»Chi-Chi«, »Bao-Bao« und »Tjen-Tjen« – chinesische Bambusbären in Berlin

Der Große Panda oder Bambusbär (Ailuropoda melanoleuca) ist seit jeher ein regelrechtes Fabeltier für die Zoologischen Gärten gewesen. Bis heute sind nicht viele Individuen in die Tiergärten außerhalb Chinas gelangt, wenn auch der Zauber der ersten Exemplare gewichen ist. Ob seiner plakativen Fellzeichnung und seiner Seltenheit auch in freier Wildbahn wurde der Große Panda zum Symbol des Internationalen Naturschutzes gewählt. Er wird von jedermann erkannt, und alle Zoos, die Bambusbären in der Kollektion haben, können der Aufmerksamkeit ihres Publikums für diesen raren Chinesen sicher sein.

Der erste Große Panda, der in Berlin zu sehen war, gehörte zu einem Import der Tierhändler Ruhe und Fockelmann. Es handelte sich um das Weibchen »Happy«, das 1939 in den Zoos von Paris, Köln, Leipzig, Hannover, München und Berlin gezeigt wurde. »Happy« blieb unterschiedlich lange in den einzelnen Zoos, mit 63 Tagen war sie in Berlin am längsten zu sehen. Ausgestellt wurde »Happy« in der Mittelhalle des Antilopenhauses und war ein Anziehungspunkt für Zehntausende von Besuchern. »Happy« war der erste Bambusbär, der lebend in Europa zur Schau gestellt wurde. Nach seiner Gastrolle in Eurpa reiste »Happy« in die Vereinigten Staaten weiter.

Zwischen 1957 und 1959 wurden drei Bambusbären aus China nach Europa gebracht. Die Tiere waren für den Zoo Moskau und für die USA bestimmt. Das Tier für Amerika wurde über den österreichischen Tierhändler Heini Demmer bezogen. Da jedoch damals ein Handelsembargo für chinesische Waren in den USA existierte, gelangte der weibliche Bambusbär »Chi-Chi« nach Berlin, und zwar in den Tierpark. »Ch-Chi« wurde mit der transsibirischen Eisenbahn von Peking nach Moskau transportiert. Zuvor war sie 1957 in Szechuan gefangen worden. Es handelte sich um ein Jungtier im Alter von ungefähr sieben Monaten. »Chi-Chi« wurde schließlich an den Londoner Zoo verkauft, und zwar zum Preis für 12.000 englische Pfund. Zuvor jedoch war der junge Bambusbär vom 2. bis 26. August 1958 im Tierpark Berlin ausgestellt, und zwar im so genannten Bärenspielkäfig des Tierkinderzoos. Tierparkdirektor Prof. Dathe wurde in der Berliner Zeitung mit den Worten zitiert: »Der Traum eines jeden Zoodirektors ist in Erfüllung gegangen«. Und die Berliner strömten in Scharen nach Friedrichsfelde. Nach Angaben der Presse besuchten in den drei Wochen 400.000 Panda-Freunde »Chi-Chi«. Damals war die Berichterstattung in Berlin geteilt. Zeitungen aus Westberlin erwähnten die Panda-Visite nicht. Übrigens hatte »Chi-Chi« ihre erste Nacht im Tierpark im Schloss Fried-

81| *Bambusbären mögen Wasser. Die Besuchermassen sind begeistert, rechts Tierhändler Heini Demmer.*

82| *Bambusbär »Chi-Chi« mit Prof. Dr. Heinrich Dathe 1958 im Tierpark.*

83| *»Chi-Chi« im Badezuber.*

84| *Hier spielt Reviertierpfleger Lutz Störmer mit dem heranwachsenden Großen Panda »Bao-Bao«.*

richsfelde verbracht. Gerne hätte Prof. Dathe natürlich »Chi-Chi« in Berlin behalten, jedoch war die Weiterreise in den Zoo London beschlossene Sache. Vor und nach dem Berlin-Aufenthalt war »Chi-Chi« zu Zeiten von Prof. Bernhard Grzimek im Zoo Frankfurt ausgestellt. Ein junger deutscher Zoologe, Dr. Gerhard Haas, später lange Jahre Zoodirektor in Wuppertal, stellte an »Chi-Chi« während ihrer Frankfurter Zeit Verhaltensbeobachtungen an. Da »Chi-Chi« in London allein lebte, aber regelmäßig brünftig wurde, ersannen die Zoo-Kollegen in Ost und West ein Treffen besonderer Art. Von März bis Oktober 1966 wurde »Chi-Chi« im Zoo Moskau eingestellt, um vom dortigen Bambusbären »An-An« gedeckt zu werden. Da aus der Panda-Hochzeit nichts wurde, kam »An-An« 1968 zum Gegenbesuch nach London. Aber auch diesmal blieb der Besuch ohne Folgen. Selten jedoch hat eine Tierbegegnung mehr Schlagzeilen weltweit verursacht als die Ost-West-Besuche von »Chi-Chi« und »An-An«. »Chi-Chi« starb am 22. Juli 1972 im Alter von knapp 18 Jahren. Noch heute ist sie als Dermoplastik im Naturkundemuseum London zu betrachten.

22 Jahre nach »Chi-Chis« Stippvisite im Tierpark Berlin gelangten wieder Große Pandas in die deutsche Hauptstadt, diesmal in den Zoologischen Garten. Der chinesische Partei- und Regierungschef Hua Guofeng hatte dem deutschen Bundeskanzler Helmut Schmidt ein Paar Bambusbären geschenkt. Das zoologisch wertvolle Staatsgeschenk wurde dem Zoo Berlin überlassen. Am 5. November 1980 trafen das Männchen »Bao-Bao«, was soviel wie »Schätzchen« heißt, und das Weibchen »Tjen-Tjen«, was soviel wie »Himmelchen« bedeutet, in Berlin ein. Beide waren in Szechuan gefangen worden. Als Geburtsdatum ist Ende 1978 angegeben. Am Großen Raubtierhaus des Berliner Zoos waren zwei Panda-Anlagen mit entsprechenden Innenställen gebaut worden. Die ersten Jahre lebten »Bao-Bao« und »Tjen-Tjen« friedlich zusammen. Im 4. Lebensjahr begannen Auseinandersetzungen und heftige Streitereien, wie der damalige Raubtierkurator Reinhard Frese berichtete. Ab 1981 kam »Tjen-Tjen« in den Oestrus, jedoch nahm »Bao-Bao« keine Notiz davon. Am 8. Februar 1984 starb »Tjen-Tjen« völlig über-

85| *Ankunft der Bambusbären »Bao-Bao« und »Tjen-Tjen« 1980 im Zoo Berlin. In der Mitte Bundeskanzler Helmut Schmidt, Zoodirektor Prof. Dr. Heinz-Georg Klös und Dietrich Stobbe, Regierender Bürgermeister von Berlin.*

raschend an einer Virusinfektion. Die Hoffnung auf eine Pandazucht in Berlin war zunächst erloschen. Da »Bao-Bao« seit diesem Zeitpunkt allein lebte, wurde er 1991 von Zoodirektor Dr. Hans Frädrich nach London ausgeliehen, um das dort lebende Weibchen »Ming-Ming« zu beglücken. Leider klappte es auch in London nicht, weder auf natürlichem Wege noch mit künstlicher Besamung. 1993 kehrte »Bao-Bao« unverrichteter Dinge nach Berlin zurück.

Ein zweites Mal gelang es wiederum mit Hilfe der Politik, einen weiblichen Großen Panda für den Zoo Berlin, und damit für »Bao Bao« zu erhalten. Der chinesische Ministerpräsident Li Peng besuchte Deutschland und versprach Bundeskanzler Dr. Helmut Kohl, der sich stets sehr zooverbunden gezeigt hatte, einen weiblichen Großen Panda. Am 14. April 1995 kam die etwa zehnjährige »Yan-Yan« (die Schöne) in den Zoo Berlin. Da keine Brunft beobachtet werden konnte, wurden ab 1997 mehrfach künstliche Besamungen versucht, jedoch stets ohne Erfolg. »Yan-Yan« war ursprünglich nur für fünf Jahre nach Berlin gekommen, jedoch konnte der Leihvertrag ab 2001 verlängert werden. Bis 2004 wurden noch mehrfach künstliche Besamungen versucht, danach wurde aufgrund des fortschreitenden Alters von »Yan-Yan« darauf verzichtet. Auch wenn »Yan-Yan« nun über 20 Jahre alt war, so kam doch ihr Tod am 26. März 2007, der sich infolge einer Darmerkrankung ereignete, völlig überraschend für den Berliner Zoo und seine Mitarbeiter. Immerhin war »Yan-Yan« 22 Jahre alt geworden. »Bao-Bao« ist inzwischen ein alter Herr und steht am Ende des 30. Lebensjahres. Auch wenn er von Temperament und Aktivität deutlich zurückhaltender geworden ist, so ist sein Appetit nach wie vor gut, und er ist immer noch ein besonderer Liebling der Berliner Zoobesucher.

86 *Drei Gewinner eines Preisausschreibens der Firma Iglo haben nicht nur einen Pkw Fiat Panda gewonnen, sondern dürfen auch »Bao-Bao« besuchen.*

87| *Obwohl schon über ein Vierteljahrhundert auf dem Buckel, klettert »Bao-Bao« noch immer sehr behände.*

88| *»Bao-Bao« und »Tjen-Tjen« tollen auf ihrer Freianlage.*

89| *»Bao-Baos« Appetit ist zu jeder Tageszeit ganz beachtlich.*

90| 1960 gab es einen neuen Abu Markub im Zoo Berlin.

Abu Markub – der Vater des Schuhs

Vielen Tierfreunden ist der Schuhschnabel oder Abu Markub (Balaeniceps rex), ein großer Storchenvogel Afrikas, noch aus den meisterlichen Schilderungen des schwedischen Naturschriftstellers Bent Berg bekannt. Vieles aus der Biologie dieses sagenumwobenen Vogels blieb bis heute unbekannt. Erst durch Filme in den achtziger Jahren, die von W. Möller in Uganda gemacht wurden, konnte Licht in das Dunkel gebracht werden. So wurden erstmalig Nestbau und Jungenaufzucht im Bild festgehalten.

1860 gelangten zwei Schuhschnäbel in den Londoner Zoo. Der deutsche Erstimport folgte 1929 durch Carlo Hagenbeck. Der Zoo Berlin erhielt im Mai 1934 zwei Abu Markubs aus dem Zoo Kairo, die Oberinspektor Seitz aus Ägypten abholte und via Genua nach Berlin brachte. Es handelte sich um Jungtiere – erkennbar an dem bräunlichen Junggefieder. Einer der beiden Vögel war kleiner und von nicht so guter Konstitution. Er starb 9 Monate nach Ankunft an einer Leberzirrhose. Der zweite Schuhschnabel bezog eine große Freianlage, die 1934 an das im japanisch-orientalischen Stil gebaute Stelzvogelhaus angegliedert worden war. Das Gehege wurde außerdem von afrikanischen Kranichen, Flamingos und Störchen bewohnt. Dem Schuhschnabel – ohne Frage einer der wertvollsten Vögel, der damals im Zoo Berlin lebte – stand immer eine Wanne mit angewärmtem Wasser zur Verfügung. So konnte das Austrocknen der Fuß- und Beinhäute verhindert werden, wie Georg Steinbacher, damals Assistent im Zoo Berlin und nach dem Krieg Direktor des Zoologischen Gartens Augsburg, in einem Artikel feststellte. Der Abu Markub überlebte den Zweiten Weltkrieg, zeitweise im Badezimmer seiner Pflegerin Elisabeth Schwarz untergebracht. Elisabeth Schwarz heiratete später Zooinspektor Georg Johst. Als Reviertierpflegerin und spätere Obertierpflegerin für den gesamten Vogelbereich des Berliner Zoos tat sie fast 50 Jahre Dienst. Am 22. Juni 1945 starb der Schuhschnabel nach einer Haltungsdauer von 11 Jahren.

Erst 13 Jahre später konnte erneut ein Schuhschnabel erworben werden, dem im Jahr darauf ein zweiter folgte. Die berühmte Tierhandelsfirma Ruhe aus Alfeld bei Hannover hatte die beiden Tiere 1958 und 1959 geliefert. Beides waren Weibchen, wie sich später herausstellte. Zwei weitere Schuhschnäbel, ein Paar, kamen 1971 über die holländische Tierhandelsfirma Jabria nach Berlin. Die beiden ersten waren noch in der 1938 errichteten Alten Fasanerie untergebracht, die 1962 von den neuen Vogelanlagen Vogelhaus und Fasanerie ersetzt wurde. Hier fanden die Abu Markubs zur Sommerzeit ihren Aufenthalt auf einer dem Haus angegliederten Vogelwiese. Über-

91| *Vor dem Zweiten Weltkrieg lebten im Zoo Berlin zwei Abu Markubs.*

wintert wurden sie in der Fasanerie. Später siedelten die Schuhschnäbel ganz in die Fasanerie über. Sie hatten einen geräumigen Kuppelkäfig mit entsprechenden Innenställen. Die drei Weibchen starben nach einer Haltung von 2, 15 und 25 Jahren. Das männliche Tier brachte es sogar auf 27 Jahre im Zoo Berlin. Zu Fortpflanzungsaktivitäten kam es lediglich in puncto Nestbau. Auch bebrüteten die Schuhschnäbel ein unbefruchtetes Pfauenei, das man ihnen ins Nest gelegt hatte. In dieser Zeit waren die ansonsten friedlichen Tiere gegenüber ihren Pflegern ausgesprochen aggressiv.

Der Tierpark Berlin hatte 1960 seinen ersten Schuhschnabel erhalten, der direkt auf dem Luftweg aus dem Sudan, von Khartum, nach Europa kam. Ein zweiter Abu Markub erreichte 1963 den Tierpark. Das kleine Tier, das immer für ein Weibchen gehalten wurde, zeigte große Zuneigung zu seinem Pfleger Hartmut Micheel, der ihn einfach »Abu« rief, manchmal auch im Diminutiv »Abuchen«. Tierparkoberinspektor Wolfgang Fischer hat über die Abu Markubs im Berliner Tierpark und über diese seltene Storchenart allgemein eine lesenswerte Monogra-

92| *Der Abu Markub mit Störchen auf der Freianlage des Japanischen Stelzvogelhauses vor dem Zweiten Weltkrieg.*

phie in der Neuen Brehm-Bücherei 1970 veröffentlicht. Der 1963 eingetroffene Vogel starb nach fast 40-jähriger Haltung am 10. Februar 2003. Er erlag dem Alterstod. Aufgrund des wertvollen Vogels und seiner Herkunft aus freier Wildbahn wurde auf eine Sektion verzichtet und das Tier als Gesamtkadaver dem Museum für Naturkunde zur Verfügung gestellt. Sein Lebensalter hatte die 40 überschritten. 1985 hat er über den Zoo Dubai einen männlichen Partner bekommen, für den als Schlupfdatum 1984 verzeichnet ist. Dieser starb nach über 20 Jahren Haltung am 30. Januar 2005 an einer Nierenalteration, die eine Leberschädigung verursacht hatte. Damit endete die Haltung des Schuhschnabels oder Abu Markubs in Berlin vorerst.

Die Zucht des Schuhschnabels gelang im Juli 2008 zum ersten Mal in einem Zoologischen Garten, und zwar im belgischen Vogelpark Parc Paradiso. Die erste Eiablage war in den neunziger Jahren in der Wilhelma Stuttgart zu verzeichnen. In deutschen Zoos werden momentan Schuhschnäbel in Wuppertal, Frankfurt und Walsrode gepflegt

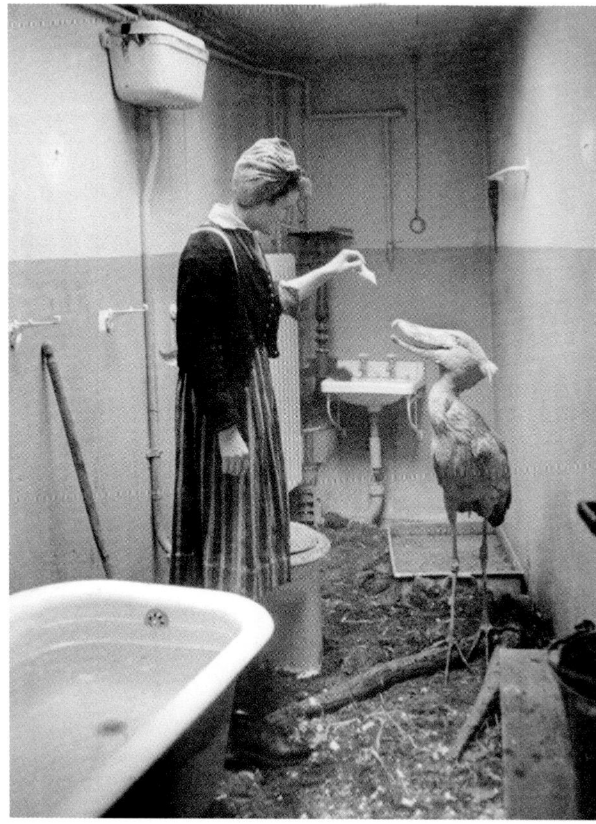

93| Ein Schuhschnabel überlebte den Krieg im Badezimmer seiner Tierpflegerin Elisabeth Schwarz, die spätere Frau Jobst, Obertierpflegerin und fünf Jahrzehnte Chefin aller Vögel im Berliner Zoo.

94| Später lebten bis zu vier Schuhschnäbel im Berliner Zoo, hier ein Pärchen in der Fasanerie.

95| Der 1963 im Berliner Tierpark eingetroffene Abu Markub.

96| *Der Abu Markub im Tierpark mit seinem Pfleger Hartmut Micheel.*

97| Eisbärjunge »Knut« – Medienstar und Publikumsliebling im Alter von 4 Monaten.

»Knut« – Eisbär-Superstar

Bären gehören zu den Raubtieren, die jedermann schon beim ersten Anblick erkennt und der richtigen Familie zuordnet. Natürlich gilt dies in besonderem Maße für Eisbären (Ursus maritimus). Folgerichtig gehörten die Polarbären schon recht früh zu den begehrten Zootieren. Laut dem Berliner Zoo-Historiker Lothar Schlawe bekam der Zoo Berlin schon 1845 seinen ersten Eisbären. 1856 gelangte ein zweites Exemplar nach Berlin, das bei Ankunft erst sieben Monate alt gewesen sein soll. Dieser Eisbär lebte bis 1872 und wurde von Adolph Menzel in einem Skizzenbuch festgehalten. Später kam ein Paar aus dem Zoo St. Petersburg nach Berlin, von dem das Weibchen 1891 einging. Vermutlich handelte sich um den Eisbärenmann des Petersburger Paares, das Ludwig Heck in seinen »Lebenden Bildern aus dem Reich der Tiere« vorstellt. Das Tier ist im Eisbärenkäfig der 1870 errichteten Bärenburg zu sehen. Im 19. Jahrhundert entstanden in vielen Tiergärten burgartige Gelasse mit Einzelzwingern für Großbären. Die Berliner Bärenburg gehörte zu den großzügigen mit fünf Abteilen. In der Mitte der Burg lag der Käfig für die Eisbären, dazu kamen Felsengrotte, Wasserfall und Badebecken.

1940 gab es in dieser Bärenburg den ersten Zuchterfolg beim Polarbären, ein tiergärtnerischer Höhepunkt für die damalige Zeit. Die bekannten Eisbärenzüchter im deutschsprachigen Raum waren nach dem Krieg die Tiergärten von Bremerhaven, Nürnberg, Wuppertal und Köln. Im Zoo Berlin hatte Frau Heinroth ein Eisbärenpaar erwerben können, »Schorsch« und »Resi«. Beide lebten noch in der Bärenburg, die bis 1968 ihren Dienst tat. 1937 war als Teil des so genannten Deutschen Zoos eine Felsfreianlage für Braunbären und Wölfe entstanden, die zum Ausgangspunkt für den Komplex der neuen Bärenfreianlage wurde. Diese konnte Zoodirektor Klös ab 1967 einweihen. Kernstück war dabei die große Eisbärenfreianlage, die im Volksmund spontan »Berliner Nordpol« getauft wurde. Für dieses großzügige Freigehege traf 1967 eine achtköpfige Jungeisbärengruppe ein. Die Tiere waren in freier Wildbahn geboren und konnten über den Zootierhandel erworben werden. Damals war es üblich, möglichst große Eisbärengruppen zu pflegen, die »das Auge füllten«. Ähnlich wurde auch im Tierpark Berlin verfahren, dessen 1957 entstandener Eisbärenfelsen zeitweise bis zu 10 erwachsene Polarbären beherbergte.

Obwohl der Eisbär wie alle Großbären ein Einzelgänger ist, hat er natürlich soziale Potenzen, leben doch die Mütter mit ihren Jungtieren mitunter 3 bis 4 Jahre zusammen. Um für zukünftige Zuchten gerüstet zu sein, war 1968 ein kleines Nebengehege für Eisbärenmütter mit ihren Kindern entstanden. Mittlerweile wurden die Eis-

98| Die Berliner Bärenburg 1870 – 1969.

99| *Männlicher Eisbär »Schorsch« in seinem Käfig in der Bärenburg, 1963 vom oberen Gang aus fotografiert.*

bären geschlechtsreif, und es kam zu Fortpflanzungsaktivitäten. Am 17. November 1973 wurde ein Eisbär im Zoo Berlin geboren, der von seiner Mutter gut betreut wurde. Am 19. Januar 1974 war das Jungtier als Weibchen zu erkennen. Es entwickelte sich hervorragend und erhielt den Namen »Sonja«. Die Mutter-Kind-Anlage war nach der ersten Vorstellung für das Publikum von Menschentrauben umlagert. Leider wurden in den kommenden Jahren trotz mehrfacher Geburten keine Eisbären mehr aufgezogen.

Auch im Tierpark waren die Geburten bis 1985 nicht vom Aufzuchtserfolg gekrönt. Erst 1986 kam es zur künstlichen Aufzucht des Eisbärenjungen »Björn Heinrich«, der beim Publikum große Beachtung fand, als er im damaligen Bärenspielkäfig des Tierkinderzoos gezeigt wurde, und auch das ostdeutsche Fernsehen widmete ihm einen längeren Beitrag. Weitere sechs Jungtiere wurden bis 1994 jeweils von ihren Müttern in Friedrichsfelde aufgezogen. Meist im Mai kamen die Jungtiere mit der Mutter auf die große Freianlage und waren dort eine entsprechende Publikumsattraktion.

Im Zoo Berlin musste nach und nach eine neue Eisbärengruppe aufgebaut werden, da die Tiere aus den sechziger Jahren an Alterserscheinungen eingingen. 33 Jahre nach der letzten erfolgreichen Eisbärenzucht im Berliner Zoo gebar die Eisbärendame »Tosca« am 5. Dezember 2006 männliche Zwillinge, die sie jedoch, wie einen Wurf schon im Jahr zuvor, nicht annahm. Vater war der Eisbärenmann »Lars«, geboren im Münchener Tierpark Hellabrunn und eingestellt vom Tierpark Neumünster in Schleswig-Holstein. »Tosca«, ein Wildfang aus Kanada, stammte aus der berühmten Eisbärengruppe des ostdeutschen Staatszirkus. Sie hat ihre Jungtiere nicht in der Wurfhöhle bekommen, sondern auf dem kalten Gehegeboden. Da die Jungtiere lebendig waren, übernahm Reviertierpfleger Thomas Dörflein die Eisbärenbabys am Abend. Die Jungen waren keine Frühgeburten und wogen 780 bzw. 810 Gramm. Um ihnen die nötige Wärme zu verabreichen, legten wir die beiden in einen Brutkasten, der eine Temperatur von 35 bis 37 °C hatte. Beide Bärlein tranken schon wenige Stunden nach der Geburt. Vorerst erhielten sie alle zwei Stunden die Flasche. Um die Aufzucht der Jungtiere gewährleisten zu können, zog Herr Dörflein von zu Hause ins Bärenrevier um und versorgte die Tiere rund um die Uhr.

Einer der Kleinen starb leider am 4. Tag an einer Darminfektion, der andere entwickelte sich nach Anfangsschwierigkeiten gut und erhielt den Namen »Knut«. Bis zum Jahresende hatte »Knut« seine Augen geöffnet und begann langsam herumzukrabbeln. Silvester brachte er schon 2 kg auf die Waage. Die Fütterungsintervalle konnten immer mehr gestreckt werden, und im Alter von 44 Tagen wog »Knut« 3.300 Gramm. Er zog aus dem Brüter in eine große Holzkiste um. Nun begannen wir auch, der Aufzuchtsmilch durchgedrehtes Katzenfutter unterzumischen, gewissermaßen als Vorbereitung auf sein normales Leben, gehören doch Eisbären als geschickte Fisch- und Robbenjäger zu den ausgesprochenen Fleischfressern. Ungefähr mit zwei Monaten und 10 Tagen begann »Knut« auf allen vier Beinen zu laufen. Allerdings sah es aus wie bei einem Kleinkind, das die ersten Gehversuche macht: »Knut« fiel schon nach wenigen Schritten wieder um. Neben Thomas Dörflein waren Bärenpfleger Ronny Henkel und Tierarzt André Schüle die weiteren Bezugspersonen von »Knut«, die auch die Entwicklung des Eisbärenkindes protokollierten. Mit 80 Tagen wog »Knut« schon über 6 kg und bekam noch vier Mahlzeiten. Inzwischen nahm er diese schon aus einem Napf zu sich und brauchte die Flasche nicht mehr.

Nachdem »Knut« in seinen Bewegungen sicherer und geschickt agierte, war die Entscheidung zu treffen, wann wir ihn dem Publikum vorstellen wollten. Natürlich war die Eisbärengeburt längst an die Presse durchgesickert, die begann, erste Notizen über das Eisbärenkind im Berliner Zoo zu verbreiten. Mehrere Firmen, Privatpersonen und Schauspieler hatten sich als Paten für »Knut« gemeldet, als das Bundesministerium für Umwelt im Namen des Ministers nachfragte, ob sich der Zoo vorstellen könne, dass Sigmar Gabriel selbst der Pate von »Knut« werden könne. Der Eisbär als Bewohner arktischer und subarktischer Regionen gilt geradezu als das Symboltier zum Thema Klimawandel und Klimaschutz. »Ohne Eis kein

100| *Das neu errichtete Eisbärengehege im Sommer 1970.*

101| Knut, am 5. Dezember 2006 geboren, saugt am 1. Januar 2007 schon heftig an der Flasche.

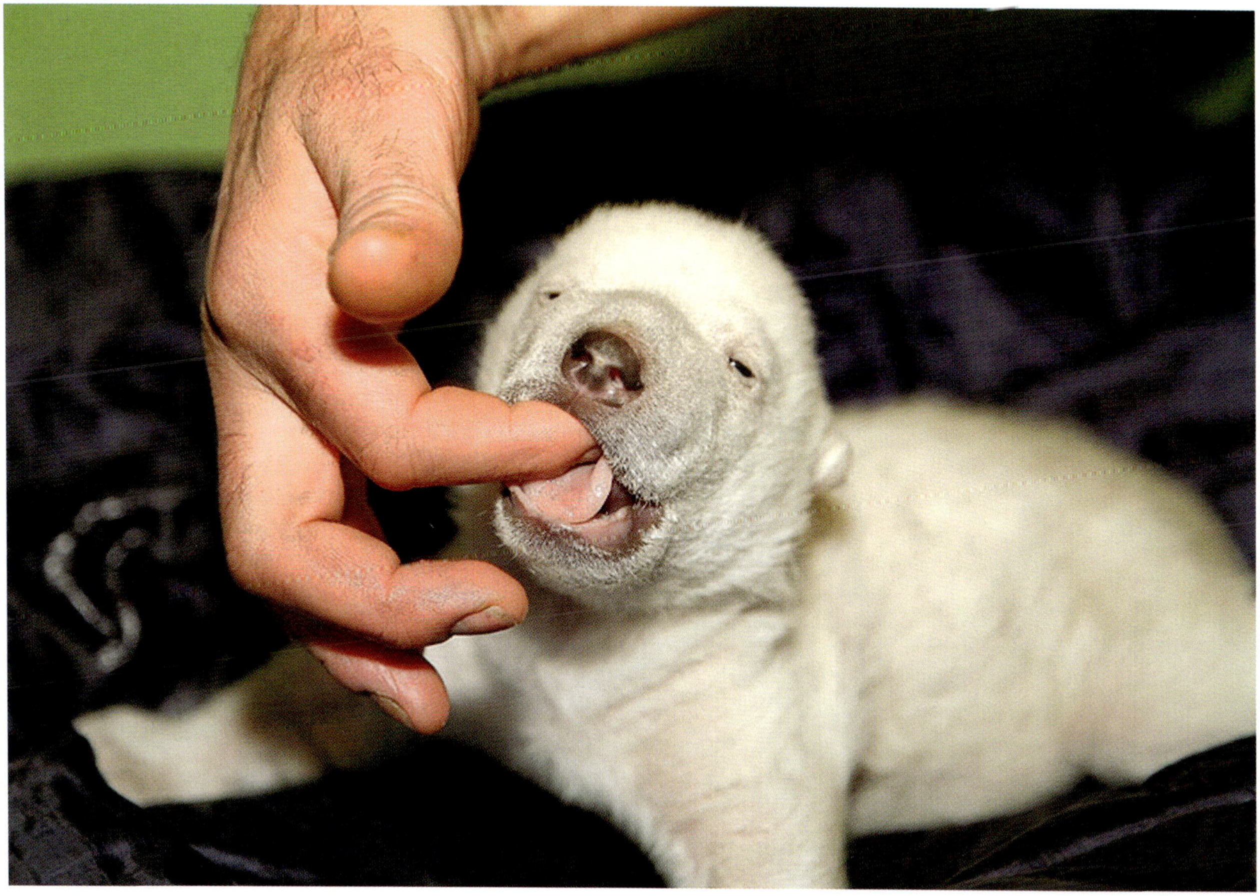

102| *Die ersten Zähne sind bei »Knut« bereits durchgebrochen.*

Eisbär« heißt dann auch ein Slogan einer Broschüre des Bundesumweltministeriums zum Klimawandel. Ein gemeinsamer Termin war schnell gefunden, und so stellten Tierpfleger, Zoodirektor und Umweltminister am 23. März 2007 »Knut« der Öffentlichkeit vor. Es war ein Freitag, der gewohnheitsmäßige Pressetermin im Zoo oder Tierpark, und so hatten wir ohne Bedenken diesen Tag gewählt. Warnende Stimmen wiesen allerdings darauf hin, dass an diesem Tag die EU bzw. EG ihr 50. Jubiläum feiere und deswegen wohl niemand in den Zoo kommen würde. Das Gegenteil war der Fall! Hunderte Pressevertreter aus aller Welt waren erschienen, mit ihnen mehrere Tausend Besucher. Die Zoomannschaft gab pausenlos Interviews für Rundfunk und Fernsehen sowie Zeitungen und Zeitschriften. Fernsehsender aus Japan, Portugal, Kanada, USA und vielen anderen Ländern hielten ihre Mikrofone und Kameras für die Interviews bereit, selbst CNN war dabei. Doch wer geglaubt hätte, nach diesem ersten fulminanten Auftritt von »Knut« würde sich das Interesse von Zoopublikum und Medien legen, der irrte sich gewaltig. Täglich kamen Tausende von Zoo-Fans, genauer gesagt, von Eisbär »Knut«-Fans, und erwarteten, den kleinen Bären zu sehen, und das möglichst in Aktion.

Vorerst war »Knut« gemeinsam mit seinen Pflegern für zwei Stunden auf der Braunbärenanlage zu sehen. Die langen Besucherschlangen mussten von Ordnern kanalisiert werden. »Knut« wuchs beständig und machte schon bald Bekanntschaft mit dem Wassergraben, in dem die Tierpfleger mit ihm schwammen. Später musste der herangewachsene Eisbär auf eine der Tropenbärenanlagen umziehen, nachdem die bisherigen Bewohner – ein Paar südamerikanische Brillenbären – nach Friedrichsfelde umgezogen waren. Hier konnte »Knut« nun nach Herzenslust herumtoben und baden. Allerdings näherte er sich der 2-Zentner-Marke, und der direkte körperliche Kontakt mit Herrn Dörflein musste aus Sicherheitsgründen eingestellt werden. Im 1. Lebensjahr von »Knut« besuchten den Zoo allerlei Prominente, vor allem auch der ein- und zweimillionste Besucher des Jahres 2007. Am Jahresende stand fest, dass drei Millionen Menschen im »Knut-Jahr« in den Berliner Zoo gepilgert waren. Das Interesse am Eisbären ist immer noch groß, auch wenn »Knut« inzwischen wie ein erwachsener Eisbär aussieht, mit langem Gesichtsschädel und großen Pranken. Besorgte Anrufer und Briefeschreiber haben sich täglich nach »Knuts« Wohlbefinden erkundigt, vor allem in der Zeit kleiner Wehwehchen wie Zahnwechsel und Tatzenverstauchung. Doch hat »Knut« alles gut weggesteckt und schaut einem normalen Eisbärenleben entgegen. Für Eisbärinnen interessiert er sich noch nicht, da muss ein Eisbärenmann erst gut vier Jahre alt werden. Auch die Frage, ob und wie lange »Knut« in Berlin bleiben kann, wurde häufig gestellt. Da er laut Einstellvertrag als erstes überlebendes Jungtier dem Tierpark Neumünster gehört, hat dieser ein gewichtiges Wort mitzureden. Verschiedene Zoos aus Schweden, Kanada und Deutschland haben ihr Interesse an »Knut« signalisiert.

Aber erst einmal wollen die Berliner ihren »Knut« im Zoo sehen!

103¦ *Knapp 2 Monate alt ist Eisbär »Knut« auf diesem Bild.*

104| Am 23. März 2007 wird Knut der Öffentlichkeit vorgestellt. Rechts von ihm sein Reviertierpfleger Thomas Dörflein, links Patenonkel Umweltminister Siegmar Gabriel, daneben Zoodirektor Dr. Bernhard Blaszkiewitz. Überraschend starb Thomas Dörflein im September 2008.

105 *»Knut« im Alter von 6 Monaten mit seinen Pflegern Thomas Dörflein und Ronny Henkel beim Bad im Wassergraben.*

106 »Knut« – gut 7 Monate alt – beim Verspeisen einer »Eisbombe« (Obst und Gemüse werden ungefroren gereicht).

107| *Hier ist »Knut« schon 8 Monate alt und sieht gar nicht aus wie ein Eisbär. Er wälzt sich gern im Sand.*

108| »Knut« feiert seinen 1. Geburtstag am 5. Dezember 2007.

109| Mit 15 Monaten sieht »Knut« schon wie ein richtiger Eisbär aus.

Blaszkiewitz, B. (1980): Flußperde (Hippopotamus amphibius) im Zoo Berlin. Bongo 4, 17-22.

Blaszkiewitz, B. (1987): Frühe Geschlechtsreife beim Südlichen See-Elefanten (Mirounga leonina). Bongo 12, 121-122.

Blaszkiewitz, B. (2008): Elefanten in Berlin. Berlin.

Blaszkiewitz, B. & Reinhard, R. (1986): Bemerkungen zur Haltung des Schuhschnabels (Balaeniceps rex) im Berliner Zoo. Gefiederte Welt 109, 36-37.

Czupalla, H.-P. & Blaszkiewitz, B. (1998): Eine Bronzeplastik für »Knautschke« nebst einiger Anmerkungen zu Flußpferddarstellungen in Zoologischen Gärten. Milu 9, 369-375.

Dathe, H. (1962): Breeding the White pelican (Pelecanus onocrotalus). Int. Zoo Yearbook 3, 95.

Dathe, H. (1966): Einige Bemerkungen zur Zucht des Malayenbären (Helarctos malayanus). Zool. Garten N. F. 32, 193-198.

Dathe, H. (1969): Prominente Besucher im Tierpark Berlin: Ho Chi Minh. Milu 3, 638-645.

Dathe, H. & Dathe, E. (1966): Bäreneltern wider Willen. Mit Aufnahmen von G. Budich. Wittenberg-Lutherstadt.

Fischer, W. (1970): Der Schuhschnabel. Baeleniceps rex Gould. Neue Brehm-Bücherei 425. Wittenberg-Lutherstadt.

Frädrich, H. & Klös, H.-G. (1982): Erste Erfahrungen mit den Bambusbären (Ailuropoda melanoleuca). Zool. Garten N. F. 52, 311-320.

Frese, R. (1985): General observations on the Giant Panda (Ailuropoda melanoleuca) at Berlin Zoo. Bongo 10, 21-26.

Grummt, W. (1984): Beiträge zur Biologie, speziell der Fortpflanzungsbiologie, der Pelikane. Zool. Garten N. F. 54, 225-312.

Gewalt, V. (1964): Bakala. Ein Gorilla lebt in unserer Küche. Stuttgart

Heck, Ludwig (1899): Lebende Bilder aus dem Reich der Tiere. Berlin-Chicago.

Heck, Ludwig (1938): Heiter-ernste Lebensbeichte. Berlin.

Heck, Lutz (1937): Giraffenfang und Giraffenzucht des Berliner Zoologischen Gartens. Zool. Garten N. F. 9, 191-204.

Heinroth, K. (1957): Puma Tobias und andere Zootiere. Berlin.

Heinroth, K. (1965): Über Geburt und Aufzucht eines männlichen Schimpansen im Zoologischen Garten Berlin. Zeitschr. für Tierpsychologie 22, 15-35.

Heinroth, K. (1979): Mit Faltern begann's. München.

Klös, H.-G. (1969): Von der Menagerie zum Tierparadies – 125 Jahre Zoo Berlin. Berlin.

Klös, H.-G., Frädrich, H. & Klös, U. (1994): Die Arche Noah an der Spree – 150 Jahre Zoologischer Garten Berlin. Eine tiergärtnerische Kulturgeschichte von 1844 – 1994. Berlin.

Klös, H.-G. & Rahn, P. (1975): Über die Haltung und eine teilweise gelungene Aufzucht vom Südlichen See-Elefanten (Mirounga leonina) im Zoo Berlin. Zool. Beiträge N. F. 21, 551-561.

Klös, U. (1964): Notizen zur Zucht von Nashorn- und Rosapelikanen im Zoologischen Garten zu Berlin. Freunde des Kölner Zoo 7, 115-117.

Klös, U. (1968): Beitrag zur Brutbiologie von Pelikanen in Gefangenschaft. Journal f. Ornithologie 109, 172-184.

Klös, U. (1969): A brief note on the incubation and rearing of Pelican hybrid (Pelecanus crispus x Pelecanus rufescens) at West Berlin Zoo. Int. Zoo Yearbook 9, 121-122.

Möller, W. (1982): Bei den Schuhschnäbeln in den Sümpfen Ugandas. D. Zoofreund 45, 6-10.

Neugebauer, W. (1966): Geglückte Aufzucht eines Südlichen See-Elefanten (Mirounga leonina). Zeitschr. des Kölner Zoo 9, 85-87.

Rahn, P. (1993): Zwei Geburten und Adoptionen beim Westlichen Flachland-Gorilla (Gorilla g. gorilla) im Zoologischen Garten Berlin. Bongo 21, 19-24.

Schröder, W. (1991): Zum Abschied ein Krokodil. Berlin.

Schüle, A. (2008): »Knut« – ein nicht ganz gewöhnlicher Zuchterfolg. Bongo 38, 42-51.

Smantek, G. (1998): Ein Bambusbär (Ailuropoda melanoleuca) im Tierpark Berlin – Erinnerungen an »Chi-Chi«. Milu 9, 496-501.

Steinmentz, H. (1954): Beiträge zur Geschichte und Erkenntnisse von See-Elefanten. Zool. Garten N. F. 21, 24-43.

Strehlow, H. (1985): Beiträge zur Menschenaffenhaltung im Berliner Aquarium Unter den Linden. I. Der Gorilla (Gorilla g. gorilla) »M'Pungu«. Bongo 9, 67-78.

Strehlow, H. (1987): Beiträge zur Menschenaffenhaltung im Berliner Aquarium Unter den Linden. II. Weitere Gorillas (Gorilla g. gorilla). Bongo 12, 105-110.

Wünschmann, A. (1964): Bericht über die Totgeburt eines Südlichen See-Elefanten im Berliner Zoo. Zeitschr. des Kölner Zoo 7, 103-105.

Bildnachweis

Abb-Nr.	Aufnahmedatum	Fotograf/Quelle
1	1953	Paul Meyer, Archiv Zoo
2	August 1955	Klaus Kindermann, Archiv Zoo
3	15. April 1955	Klaus Kindermann, Archiv Zoo
4	April 1957	Waldthausen, Archiv Zoo
5	Mai 1957	Karlheinz Holzhausen, Archiv Zoo
6	Dezember 1957	Irm Kühn Archiv Zoo
7	August 1959	Senzer, Archiv Zoo
8	Februar 1958	Heinrich von der Becke, Archiv Zoo
9	28. April 1961	Bruno Scholz, Archiv Zoo
10		Robert Sennecke, Archiv Zoo
11		Archiv Zoo
12		Archiv Zoo
13		Archiv Zoo
14		Archiv Zoo
15		Lutz Heck, Archiv Zoo
16		Archiv Zoo
17		Archiv Zoo
18		Lutz Heck, Archiv Zoo
19	um 1937	Archiv Zoo
20	1930	Archiv Zoo
21	Juni 1936	Archiv Zoo
22	28. Januar 1939	Lutz Heck, Archiv Zoo
23	Mai 1943	Lutz Heck, Archiv Zoo
24	März 1959	Schirner, Archiv Zoo
25	23. November 1958	Zellmann, Archiv Zoo
26	29. März 1974	Archiv Zoo
27	10. April 1974,	Archiv Zoo
28	15. November 1977	Irm Kühn, Archiv Zoo
29	7. Februar 1975	Irm Kühn, Archiv Zoo
30	25. September 1955	Schubert, Archiv Zoo
31	30. April 1927	Lutz Heck, Archiv Zoo
32	um 1938	Archiv Zoo
33	1938	Archiv Zoo
34	August 1953	Prachetka, Archiv Zoo
35	17. Oktober 1953	Jürgen Riemann, Archiv Zoo
36	Dezember 1954	Schirner, Archiv Zoo
37	Oktober 1954	Karlheinz Holzhausen, Archiv Zoo
38	28. Mai 1954	Winfried Zellmann Archiv Zoo
39	22. September 1955	Schirner, Archiv Zoo
40	Mai 1957	Schirner, Archiv Zoo
41	14. Februar 1961	Gerhard Budich, Archiv Tierpark
42	Herbst 1961,	Hoefer, Archiv Tierpark
43	17. April 1961,	Gerhard Budich, Archiv Tierpark
44	18. April 1962,	Gerhard Budich, Archiv Tierpark
45	28. Juni 1951	Archiv Zoo
46	Oktober 1951	Lothar Winkler, Archiv Zoo
47	Sommer 1952	Lassberg, Archiv Zoo
48	November 1952	Archiv Zoo
49	Oktober 1952	Rissleben, Archiv Zoo
50	August/ September 1953	Peter Cürlis, Archiv Zoo
51	26. August 1952	Klaus Kindermann, Archiv Zoo
52	Juli 1953	Schirner, Archiv Zoo
53	Juli 1955	Winfried Zellmann, Archiv Zoo
54	März 1952	Lassberg, Archiv Zoo
55	11. April 1954	Archiv Zoo
56	16. Juni 1976	Irm Kühn, Archiv Zoo
57	24. Juni 1958	Gerhard Budich, Archiv Tierpark
58	8. Juli 1988	Günter Peters, Archiv Zoo
59	17. Juli 1961	Gerhard Budich, Archiv Tierpark
60	22. Mai 1961	Gerhard Budich, Archiv Tierpark
61	22. Mai 1961	Gerhard Budich, Archiv Tierpark
62	11. Juli 1961	Gerhard Budich, Archiv Tierpark
63	11. Juli 1961	Gerhard Budich, Archiv Tierpark

64	11. Juli 1961	Gerhard Budich, Archiv Tierpark
65	9. April 1962	Gerhard Budich, Archiv Tierpark
66	21. Juni 1994	Klaus Rudloff, Archiv Tierpark
67	17. Februar 1954	Klaus Kindermann, Archiv Zoo
68	September 1952	Hans Bittner, Archiv Zoo
69	29. Oktober 1952	Hans Bittner, Archiv Zoo
70		Kurt Walter, Archiv Zoo
71	23. November 1964	Wieczorek, Archiv Zoo
72	11. März 1987	Kurt Walter, Archiv Zoo
73		Archiv Zoo
74	Juni 1953	Klaus W. Prochnow, Archiv Zoo
75	24. Oktober 1956	Archiv Zoo
76	22. Mai 1957	Gerhard Budich, Archiv Tierpark
77	22. Mai 1957	Gerhard Budich, Archiv Tierpark
78	22. August 1979	Klaus Rudloff, Archiv Tierpark
79	15. Februar 1995	Klaus Rudloff, Archiv Tierpark
80	17. August 1958	Gerhard Budich, Archiv Tierpark
81	9. August 1958	Gerhard Budich, Archiv Tierpark
82	23. August 1958	Gerhard Budich, Archiv Tierpark
83	9. August 1958	Gerhard Budich, Archiv Tierpark
84	4. November 1981	Walter Becher, Archiv Zoo
85	12. November 1980	E. Kasperski, Archiv Zoo
86	27. November 1982	Günter Peters, Archiv Zoo
87		Bröseke, Archiv Zoo
88		A. Grassmann, Archiv Zoo
89	1994	Archiv Zoo
90	18. August 1960	Harald Boye, Archiv Zoo
91		Archiv Zoo
92		Archiv Zoo
93		Archiv Zoo
94	25. Februar 1979	Lothar Schlawe, Archiv Zoo
95	20. Oktober 1963	Gerhard Budich, Archiv Tierpark
96	26. März 1997	Günter Peters, Archiv Tierpark
97	11. April 2007	Peter Griesbach, Archiv Zoo
98		Archiv Zoo
99	1963	Heinz Wunnicke, Archiv Zoo
100	Juni 1970	Stark-Otto, Archiv Zoo
101	1. Januar 2007	Peter Griesbach, Archiv Zoo
102	1. Januar 2007	Peter Griesbach, Archiv Zoo
103	1. Februar 2007	Peter Griesbach, Archiv Zoo
104	23. März 2007	Peter Griesbach, Archiv Zoo
105	19. Juni 2007	Peter Griesbach, Archiv Zoo
106	24. August 2007	Peter Griesbach, Archiv Zoo
107	11. August 2007	Peter Griesbach, Archiv Zoo
108	5. Dezember 2007	Bröseke, Archiv Zoo
109	7. März 2008	Peter Griesbach, Archiv Zoo

Vorderes Umschlagbild:
Knut: Peter Griesbach, 11. April 2007, Archiv Zoo
Knautschke: Böhm, um 1980, Archiv Zoo

Hinteres Umschlagbild:
Roland II, um 1937, Archiv Zoo

Dass nun schon zum zweiten Mal ein Buch von mir über Tiere in Zoo und Tierpark bei Lehmanns Media erscheint, freut mich ganz besonders.

Ich danke Herrn Bernhard Thieme vom Verlag, der die Idee, besondere Tiere der Berliner Tiergärten vorzustellen, von Anfang an begeistert unterstützt hat. Auch die Diskussion bei der Auswahl des Bildmaterials mit Herrn Thieme war äußerst konstruktiv und hilfreich. Ich danke den entsprechenden Mitarbeitern aus Zoo und Tierpark, die das Fotoarchiv verwalten, so Frau Martina Borchert, Zoo Berlin, sowie den Herrn Wolfgang Scherf und Klaus Rudloff, Tierpark Berlin. Auch Herr Peter Griesbach, Reviertierpfleger des Kinderzoos im Zoo Berlin und offizieller Zoofotograf, half vor allem bei der Bildauswahl zum Thema Knut. Ganz besonders danke ich meinen Mitarbeiterinnen Regine Damm (Zoo Berlin) und Kirsten Bauerfeld (Tierpark Berlin), die beim Diktat des Manuskriptes immerwährende Geduld bewiesen.

Bernhard Blaszkiewitz

Bernhard Blaszkiewitz wurde am 17 Februar 1954 in Berlin geboren. Nach dem Abitur studierte er Biologie an der FU Berlin, Diplomabschluss 1978, Promotion zum Dr. rer. nat. 1987 an der Universität Kassel. 1974–1978 Tierpflegervolontär im Zoo Berlin, 1979 Volontärassistent im Zoo Frankfurt, 1980–1984 Kurator am Ruhr-Zoo Gelsenkirchen, danach Kurator am Zoo Berlin. Seit 1991 Direktor des Tierparks Berlin, seit dem 31. Januar 2007 in Personalunion auch Direktor des Zoologischen Gartens Berlin. 2008 erschien im Verlag Lehmanns Media sein Buch »Elefanten in Berlin«.

Zoologischer Garten Berlin AG
Hardenbergplatz 8
10787 Berlin

Telefon + 49 (0)30 – 254 01 – 0
Telefax + 49 (0)30 – 254 01 – 255
E-Mail: info@zoo-berlin.de
www. zoo berlin.de

Öffnungszeiten
Sommerzeit (15. März – 14. Oktober)
Mo – So 9.00 – 18.30 Uhr
Winterzeit (15. Oktober – 14. März)
Mo – So 9.00 – 17.00 Uhr

Aquarium
Zoologischer Garten Berlin AG
Hardenbergplatz 8
10787 Berlin

Telefon +49 (0)30 – 254 01 – 0
Telefax +49 (0)30 – 254 01 – 255
E-Mail: info@zoo-berlin.de

Öffnungszeiten
Das Zoo-Aquarium ist ganzjährig von 9.00 – 18.00 Uhr geöffnet.

Tierpark Berlin-Friedrichsfelde GmbH
Am Tierpark 125
10319 Berlin

Telefon +49 (0)30 – 51 53 10
Telefax +49 (0)30 – 51 24 06 1
E-Mail: info@tierpark-berlin.de
www. tierpark-berlin.de

Öffnungszeiten
Sommerzeit (15. März – 14. Oktober)
Mo – So 9.00 – 18.30 Uhr
Winterzeit (15. Oktober – 14. März)
Mo – So 9.00 – 17.00 Uhr

Am 24. Dezember ist bereits um 13.00 Uhr Kassenschluss.
Besuchszeit ist bis 1 Stunde nach Kassenschluss.